2021年湖北省社科基金一般项目（后期资助项目）（项目编号：2021208）成果
2021年湖北省教育厅科学研究计划指导性项目（项目编号：B2021244）成果
2022年湖北理工学院科研项目（项目编号：22xjr07R）成果

城市生活垃圾资源化处置过程优化配置研究

代峰 著

武汉大学出版社

图书在版编目(CIP)数据

城市生活垃圾资源化处置过程优化配置研究/代峰著. —武汉:武汉大学出版社,2023.8

ISBN 978-7-307-23698-1

Ⅰ.城… Ⅱ.代… Ⅲ.城市—生活废物—垃圾处理—研究—中国 Ⅳ.X799.305

中国国家版本馆 CIP 数据核字(2023)第 062279 号

责任编辑:蒋培卓　　　责任校对:李孟潇　　　版式设计:韩闻锦

出版发行:武汉大学出版社　　(430072　武昌　珞珈山)
　　　　　(电子邮箱:cbs22@whu.edu.cn　网址:www.wdp.com.cn)
印刷:武汉邮科印务有限公司
开本:787×1092　1/16　印张:9.75　字数:201 千字　插页:1
版次:2023 年 8 月第 1 版　　2023 年 8 月第 1 次印刷
ISBN 978-7-307-23698-1　　定价:50.00 元

版权所有,不得翻印;凡购买我社的图书,如有质量问题,请与当地图书销售部门联系调换。

前　言

随着经济的快速发展、城镇化进程的加快，居民生活水平显著提高。越来越多的人向城市迁徙，城市人口数量急剧增长，城市生活垃圾产生量也随之增长，很多城市都面临"垃圾围城"问题。城市生活垃圾资源化处置是解决"垃圾围城"问题的重要途径。城市生活垃圾资源化处置过程主要包含四个阶段：(1)生活垃圾产生阶段；(2)生活垃圾收运阶段；(3)生活垃圾资源化处置阶段；(4)垃圾衍生物处置阶段。为了实现城市生活垃圾资源化处置的可持续发展，需要解决三个方面的问题：第一，城市生活垃圾产生量的分布预测；第二，城市生活垃圾中转站生活处置厂的优化选址；第三，城市生活垃圾及衍生物的优化配置。本书对国内外文献进行了系统的分析和评述，并运用系统分析法、定性与定量结合分析法、规范与实证结合分析法对城市生活垃圾资源化处置过程的优化配置进行研究。

本书在查阅大量国内外文献的基础上，对城市生活垃圾资源化处置过程中的三个问题进行了全面的综述。阐述了城市生活垃圾资源化处置的理论基础，将相关理论同城市生活垃圾资源化处置的自身特点相结合，分析城市生活垃圾资源化处置的形成模式，并提出城市生活垃圾资源化处置的过程以及有待研究的优化配置过程和优化配置方案。

城市生活垃圾产生量的分布预测是城市生活垃圾资源化处置过程优化配置的重要前提。由于生活垃圾产生量数据的不完备性以及生活垃圾产生过程中的不确定性，对生活垃圾产生量进行区间预测比确定值预测更为合理。因此，本书先将遗传算法同支持向量回归法预测模型结合，本书构建了 GA-SVR 预测模型，对人均生活垃圾产生量进行预测。针对城市生活垃圾产生过程中的不确定性，运用模糊信息粒化对影响人均生活垃圾产生的解释变量进行模糊化，将模糊化的解释变量代入训练好的 GA-SVR 模型，对下一期人均生活垃圾产生量进行预测。再运用 ARIMA 模型对研究区域的人口数据进行预测。最后将人均生活垃圾产生量预测值同研究区域的人口分布数据结合，运用克里金插值法，将城市生活垃圾分布预测呈现出来。

作为模型输入的城市生活垃圾产生量分布预测数据具有动态性的特征，因此，本书构建了带有动态容量约束的城市生活垃圾中转站及生活垃圾处置厂两阶段选址模型。在第一阶段，基于各个垃圾收集点的垃圾产生量呈现的动态和不确定性特征，构建带容量约束的生活垃圾中转站动态选址模型确定生活垃圾中转站的选址、初始容量以及扩建决策。由于该问题属于 NP-Hard 问题，因此通过遗传算法求得近似最优解。在第二阶段，根据第一阶段中求得的生活垃圾中转站的选址方案，结合垃圾衍生物处置厂的位置，通过枚举法对垃圾处置厂的选址方案进行求解。

生活垃圾中转站及生活垃圾处置厂的选址位置确定后，最后对城市生活垃圾及其衍生物的处置进行优化配置研究。考虑到城市生活垃圾处置过程中诸多参数的不确定性，本书构建以成本最小化和环境影响最小化为目标的灰色模糊多目标城市生活垃圾两级优化配置模型。通过将原模型分解为两个子模型并应用期望值排序法去模糊化，对模型进行求解。

为了验证模型的可行性和科学性，本书以湖北省黄石市中心城区（黄石港区、西塞山区、下陆区）为研究对象，研究黄石市中心城区城市生活垃圾资源化处置过程的优化配置方案。通过敏感性分析发现，RDF 制备技术具有较大的环境优势。当城市生活垃圾产生量越多，RDF 处置能力越大时，RDF 制备技术的环境优势越明显，因此黄石应引入该技术来实现城市生活垃圾资源化处置的可持续发展。在垃圾衍生物处置上，水泥窑协同处置技术虽然在环境影响上具有优势，但因其处置成本较高，现阶段还不适用。因此，黄石目前仍应采用填埋方式处置垃圾衍生物。

本书的创新性研究成果体现在以下几个方面：①将模糊信息粒化同 GA-SVR 模型结合，构建基于 FIG-GA-SVR 的不确定性城市生活垃圾产生量分布预测模型，实现了城市生活垃圾产生量的区间预测，拓展了城市生活垃圾产生量分布预测的研究算法。②基于城市生活垃圾动态分布数据，构建带有动态容量约束的城市生活垃圾中转站及生活垃圾处置厂两阶段选址模型，解决了城市生活垃圾产生量具有动态性特征的环境下，城市生活垃圾中转站和生活垃圾处置厂的系统选址问题，发展了城市生活垃圾中转站及生活垃圾处置厂选址的定量研究方法。③在分析城市生活垃圾资源化处置系统的不确定性的基础上，构建基于成本最低和环境影响最小的灰色模糊多目标城市生活垃圾及其衍生物的两级优化配置模型，给出了城市生活垃圾及其衍生物的优化配置求解方法，拓宽了城市生活垃圾优化配置的研究范畴。

目 录

第1章 绪论 ··· 1
  1.1 研究目的及意义 ·· 1
    1.1.1 研究背景 ·· 1
    1.1.2 问题的提出 ··· 3
    1.1.3 研究目的与意义 ··· 4
  1.2 国内外研究现状及评述 ·· 5
    1.2.1 城市生活垃圾产生量预测问题研究综述 ·· 5
    1.2.2 城市生活垃圾中转站及垃圾处置厂选址问题研究综述 ························· 11
    1.2.3 城市生活垃圾优化配置问题研究综述 ··· 17
    1.2.4 文献评述 ·· 25
  1.3 研究内容与研究方法 ·· 28

第2章 城市生活垃圾资源化处置的理论基础及模式分析 ································ 30
  2.1 城市生活垃圾的定义、成分与资源化处置技术 ·· 30
    2.1.1 城市生活垃圾的定义与成分 ·· 30
    2.1.2 城市生活垃圾资源化处置技术 ··· 31
  2.2 城市生活垃圾资源化处置的理论基础 ·· 33
    2.2.1 循环经济理论 ·· 33
    2.2.2 可持续发展理论 ··· 36
    2.2.3 机器学习理论 ·· 38
    2.2.4 多目标规划 ··· 39
  2.3 城市生活垃圾资源化处置的模式分析 ·· 40
  2.4 城市生活垃圾资源化处置的过程 ·· 43
  本章小结 ·· 45

第3章 基于FIG-GA-SVR的城市生活垃圾产生量分布预测模型 ················ 46
3.1 支持向量回归模型 ················ 46
3.2 GA-SVR预测模型 ················ 48
3.3 模糊信息粒化 ················ 52
3.4 基于FIG-GA-SVR的人均城市生活垃圾产生量预测模型 ················ 52
3.5 城市生活垃圾产生量分布预测模型的构建 ················ 54
3.5.1 基于ARIMA的人口增长率预测模型 ················ 54
3.5.2 城市生活垃圾产生量分布预测模型 ················ 55
本章小结 ················ 56

第4章 城市生活垃圾中转站及垃圾处置厂两阶段选址模型 ················ 58
4.1 问题描述 ················ 58
4.2 模型的构建 ················ 60
4.2.1 问题假设与符号说明 ················ 60
4.2.2 两阶段选址模型的构建 ················ 62
4.3 模型的求解 ················ 63
4.3.1 生活垃圾中转站选址模型求解 ················ 63
4.3.2 城市生活垃圾处置厂选址模型求解 ················ 65
本章小结 ················ 66

第5章 不确定性多目标城市生活垃圾两级优化配置模型 ················ 68
5.1 不确定性多目标线性规划模型的理论基础 ················ 68
5.1.1 灰色模糊多目标线性规划模型 ················ 68
5.1.2 模型求解 ················ 72
5.2 多目标城市生活垃圾两级优化配置模型的构建 ················ 73
5.2.1 成本最小化优配模型 ················ 74
5.2.2 环境影响最小化优配模型 ················ 80
5.3 不确定性多目标城市生活垃圾两级优化配置模型的构建 ················ 81
本章小结 ················ 82

第6章 应用研究——黄石中心城区城市生活垃圾资源化处置过程优化配置研究 …… 84

6.1 黄石中心城区城市生活垃圾处置情况概述 …… 84
6.1.1 地理位置 …… 84
6.1.2 生活垃圾处置情况 …… 85

6.2 黄石中心城区城市生活垃圾产生量的分布预测 …… 85
6.2.1 影响因素分析 …… 85
6.2.2 数据的收集 …… 86
6.2.3 人均城市生活垃圾产生量预测 …… 89
6.2.4 城市生活垃圾产生量的分布预测 …… 93

6.3 黄石中心城区城市生活垃圾中转站及垃圾处置厂的两阶段选址分析 …… 106
6.3.1 参数设置 …… 106
6.3.2 生活垃圾中转站及垃圾处置厂两阶段优化选址 …… 112

6.4 黄石中心城区城市生活垃圾两级优化配置研究 …… 118
6.4.1 参数的确定 …… 118
6.4.2 模型的求解 …… 124
6.4.3 敏感性分析 …… 128

本章小结 …… 134

第7章 总结与展望 …… 135
7.1 总结 …… 135
7.2 主要创新点 …… 136
7.3 研究展望 …… 137

参考文献 …… 138

后记 …… 150

第1章 绪　　论

1.1 研究目的及意义

1.1.1 研究背景

近年来，随着全球经济的快速发展，居民生活水平显著提高，城市生活垃圾的产生量逐年上升，很多国家和地区都面临"垃圾围城"问题。如何有效处置城市生活垃圾成为世界各国共同面临的难题。

在发达国家，垃圾资源化处置成为解决"垃圾围城"的主要方式。以日本和德国为例，日本将生活垃圾主要分为四类：资源型垃圾、不可燃垃圾、可燃垃圾、危废垃圾。其中，危废垃圾交由专门的危废垃圾处置厂进行处置，另外两种垃圾经过处置后，可转化为生产资源。德国将生活垃圾主要分为三类：可回收垃圾、可降解垃圾、其他垃圾。可回收垃圾可通过直接循环利用或焚烧进行处置转化为电能，可降解垃圾则主要通过堆肥等生物技术进行处置转化为肥料，而其他垃圾则通过热处理或机械生物处置技术进行处置转化为燃料。

尽管日本和德国都实行生活垃圾分类，提高生活垃圾的循环率，但仍有接近60%的生活垃圾需要处置。这些国家在生活垃圾处置过程中，都注重垃圾资源化，降低环境影响。因此，生活垃圾资源化处置成了垃圾处置的主要方式。

作为发展中国家的中国，在2018年年末拥有13.9亿人口，其中城镇人口8.3亿，城镇化率达到59.58%，并且还保持着每年1%左右的速度增长，如图1-1所示。随着经济的快速发展、城镇化进程的加快以及居民生活水平的提高，越来越多的居民向城市迁徙，城镇人口急剧增长，城市生活垃圾也快速增长，使得中国很多城市也面临"垃圾围城"的问题。从2006年到2018年，城市生活垃圾清运量由14841万吨增至22802万吨，每年平均增长率达到3.21%。垃圾无害化处置量从2006年的7873万吨增加到2018年的22565万吨，如表1-1所示。

城市生活垃圾是一种"放错位置"的资源,如果处置得当,既可以降低城市生活垃圾造成的环境污染,还能转化为资源供企业生产。因此,如何有效地将城市生活垃圾资源化处置成为我国城市发展亟待解决的重要问题。

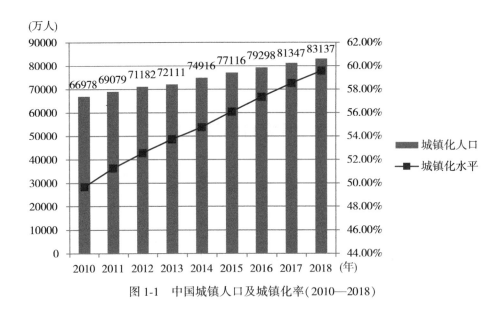

图1-1 中国城镇人口及城镇化率(2010—2018)

表1-1 生活垃圾清运量及无害化处置量(2006—2018)

年份	生活垃圾清运量(万吨)	生活垃圾无害化处置量(万吨)
2006	14841	7873
2007	15215	9438
2008	15438	10307
2009	15734	11220
2010	15805	12318
2011	16395	13090
2012	17081	14490
2013	17239	15394
2014	17860	16394
2015	19142	18013
2016	20362	19674
2017	21521	21034
2018	22802	22565

1.1.2 问题的提出

城市生活垃圾资源化的目标主要有三点：①保护居民健康；②减少环境污染；③"变废为宝"。因此，在城市生活垃圾资源化处置过程中，既要变废为宝，将生活垃圾转化为资源，还要避免造成二次污染。城市生活垃圾资源化处置主要包含四个阶段：生活垃圾的产生，生活垃圾的收运，生活垃圾的处置，垃圾衍生物的处置，如图1-2所示。

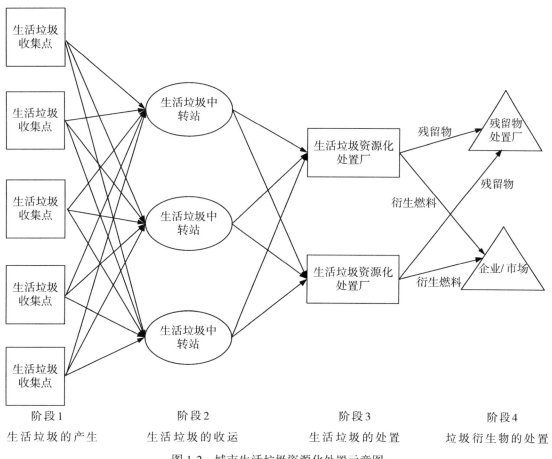

图1-2 城市生活垃圾资源化处置示意图

为了实现城市生活垃圾资源化处置的可持续发展，需要解决以下三个方面的问题。

(1) 城市生活垃圾产生量的分布预测

在生活垃圾的产生阶段，需要对城市生活垃圾产生量的分布进行预测。生活垃圾的分布预测不仅决定生活垃圾中转站及生活垃圾处置厂设置数量和规模，还影响着生活垃圾及其衍生物配置方案的制定。它是实现城市生活垃圾资源化处置过程优化配置的重要前提。

(2)生活垃圾中转站及生活垃圾处置厂的优化选址

在生活垃圾的收运阶段，需要确定生活垃圾中转站及生活垃圾处置厂的选址位置。由于生活垃圾处置厂的选址要基于生活垃圾中转站的位置来确定，因此，二者的选址问题具有系统性和整体性的特点，需要同时研究。在确定了生活垃圾中转站的选址后，其服务覆盖范围也同时被确定，实现了城市生活垃圾的第一次优化配置，即生活垃圾由垃圾收集点到生活垃圾中转站之间的优化配置。

(3)城市生活垃圾及其衍生物的优化配置方案

目前，我国城市生活垃圾的配置缺少科学依据，大多城市按照一定数量或比例将生活垃圾在各个垃圾资源化处置厂实行政策性配置。由于生活垃圾焚烧发电处置技术进入垃圾资源化处置行业较早，政府对其配置的生活垃圾量较多，而其他新兴生活垃圾资源化处置技术(如垃圾衍生燃料制备技术)进入行业较晚，政府容易忽略其处置能力和处置效果，配置的生活垃圾量也相对较少，使得这些企业往往"吃不饱"。此外，生活垃圾在处置过程中会产生一定的衍生物，主要包括垃圾衍生燃料(Refuse Derived Fuel，RDF)和焚烧残留物(炉渣、飞灰等)。RDF可作为替代燃料供水泥厂进行生产或在市场上进行销售，而焚烧残留物则可进行填埋或水泥窑协同处置。如何对生活垃圾及其衍生物实行优化配置，实现城市生活垃圾资源化处置的可持续发展，成为城市发展亟待解决的重要问题。

1.1.3 研究目的与意义

1.1.3.1 研究目的

针对当前城市生活垃圾的配置难以匹配城市可持续发展发展的问题，通过分析城市生活垃圾资源化处置过程的形成模式，构建与之相匹配的三个模型(城市生活垃圾产生量分布预测模型、城市生活垃圾中转站及生活垃圾处置厂两阶段选址模型、城市生活垃圾两级优化配置模型)，得出城市生活垃圾资源化处置过程的优化配置方案，提高生活垃圾处置效率和资源转化率，减少生活垃圾对城市造成的污染，实现城市的持续稳定发展。

1.1.3.2 研究意义

城市生活垃圾资源化处置是城市生活垃圾管理系统中的核心问题之一。对城市生活垃圾资源化处置过程进行优化配置研究，可以有效提高生活垃圾的处置效率，减少环境压力，城市生活垃圾管理才能实现可持续发展。本书的研究意义体现在以下两方面。

(1)理论意义

从理论上来说，可厘清城市生活垃圾资源化处置的形成模式，有助于揭示城市生活垃圾各个处置技术之间的协同性，创新了城市生活垃圾产生量分布预测的研究方法，拓展了城市生活垃圾中转站及生活垃圾处置厂选址的定量研究方法，拓宽了城市生活垃圾优化配置的研究范畴。

（2）现实意义

这一研究有助于解决各个城市面临的"垃圾围城问题"，改善城市的环境质量，促进人与自然的和谐发展，实现社会的可持续发展，符合循环经济的思想。城市生活垃圾资源化处置过程优化配置的实现，不仅有助于提高生活垃圾处置能力和资源利用率，还可以改善环境，实现人类与环境的和谐发展，完善城市生活垃圾管理体系，为城市的发展增添动力。与此同时，也为政府促进垃圾资源化处置进程以及提高城市生活垃圾管理水平提出了可供参考的政策性建议，有助于提高市容市貌，增加居民对所在城市的幸福感及归属感，吸引外资，发展绿色经济，构建和谐社会。

1.2　国内外研究现状及评述

1.2.1　城市生活垃圾产生量预测问题研究综述

城市生活垃圾的分布预测不仅决定着垃圾中转站及资源化处置厂设置的数量和规模，还影响着生活垃圾及其衍生物配置方案的制定。① 由于城市生活垃圾的产生具有不确定性、复杂性和多变性的特点，因此预测难度较大。②

1.2.1.1　城市生活垃圾产生量传统预测方法概述

城市生活垃圾产生量传统预测方法按照预测原理，可以分为两大类。①通过分析历史数据，寻找其内部规律和发展趋势对城市生活垃圾产生量进行预测，主要包括灰色预测方法、时间序列预测方法等；②通过寻找影响城市生活垃圾产生的各个社会经济指标，运用其相互关系对城市生活垃圾产生量进行预测，主要包括回归预测方法、系统动力学预测方法等。

（1）灰色预测

灰色理论由邓聚龙教授于1982年提出。该理论是介于黑色系统和白色系统之间的不

---

① Kannangara M, Dua R, Ahmadi L, et al. Modeling and prediction of regional municipal solid waste generation and diversion in Canada using machine learning approaches[J]. Waste Management, 2018(74): 3-15.

② Kontokosta C E, Hong B, Johnson N E, et al. Using machine learning and small area estimation to predict building-level municipal solid waste generation in cities[J]. Computers, Environment and Urban Systems, 2018(70): 151-162.

确定的系统。① 灰色预测模型是对数据依据灰色系统特征进行数学转化，并寻求内部规律来进行建模。通常用于预测的灰色模型为一阶单变量微分方程模型，即GM(1,1)。

灰色预测的优点在于可以针对具有非线性、贫数据特征的历史数据进行预测。而城市生活垃圾产生量的历史数据恰恰具有这两个特征，因此有学者采用灰色预测模型对城市生活垃圾产生量进行预测。② 但灰色预测模型对数据序列的光滑性要求较高，当数据序列中出行异常数据或突变数据时，会导致预测的误差大幅上升。由于城市生活垃圾产生过程中存在较大的不确定性，因此应用灰色预测模型对城市生活垃圾产生量进行预测的精度不够理想，近年来采用该方法对城市生活垃圾产生量进行预测的研究较少。

(2) 时间序列预测

时间序列数据是指按照一定的顺序(时间、地点、不同实验条件等)进行排列而成的一组数据。时间序列分析是对时间序列数据的历史规律进行观察，揭示数据内部基本结构特征及其运行规律并将其衍生，通常用于预测和控制未来的行为。③ 时间序列分析法不依赖社会经济因素的估计，因此，它可以有效避免社会经济因素相关数据的缺失。常用的时间序列预测方法有移动平均法、指数平滑法、自回归积分滑动平均法(Autoregressive Integrated Moving Average Model，ARIMA)等，其中指数平滑法和ARIMA模型在城市生活垃圾产生量的预测中的应用最为广泛。时间序列预测模型在短期预测中具有较好的预测精度，如果样本数据具有季节变化的特征，时间序列预测模型也能获得较好的预测效果。④⑤⑥ 城市生活垃圾的产生具有明显的季节性特征，不同月份、不同季节，居民产生的城市生活垃圾量都会不同。因此，在城市生活垃圾产生量的短期预测中，运用ARIMA模型对季节性城市生活垃圾产生量进行预测，可以获得较好的预测效果。⑦ 但是，时间序列预测模型对历史数据要求较高，如果历史数据不够光滑，或者数据不够完备，则会影响预测的精度。并且，时间序列预测模型在长期预测中的效果不够理想，因此时间序列预测

---

① 邓聚龙. 灰色系统理论教程[M]. 武汉：华中理工大学出版社，1990.

② 陈艺兰，陈庆华，张江山. 厦门市生活垃圾的灰色预测与分析[J]. 环境科学与技术，2007，30(9)：72-74.

③ 顾岚. 时间序列分析在经济中的应用[M]. 北京：中国统计出版社，1994.

④ Chang N B, Lin Y T. An analysis of recycling impacts on solid waste generation by time series intervention modeling[J]. Resources Conservation and Recycling, 1997, 19(3): 165-186.

⑤ Eymen A, Köylü Ü. Seasonal trend analysis and ARIMA modeling of relative humidity and wind speed time series around Yamula Dam[J]. Meteorology and Atmospheric Physics, 2018: 1-12.

⑥ Azadi S, Karimi-Jashni A. Verifying the performance of artificial neural network and multiple linear regression in predicting the mean seasonal municipal solid waste generation rate: A case study of Fars province, Iran[J]. Waste Management, 2016(48): 14-23.

⑦ Edjabou M E, Boldrin A, Astrup T F. Compositional analysis of seasonal variation in Danish residual household waste[J]. Resources, Conservation and Recycling, 2018(130): 70-79.

模型不适合对长期的城市生活垃圾产生量进行预测。

(3) 回归预测

回归分析是基于自变量和因变量之间的相互关系所建立的回归方程的统计分析方法。回归预测认为自变量和因变量的相互关系具有延续性，因此，通过对自变量进行预测，然后将其代入回归方程获得因变量的预测值。回归预测因为其简单的数学方法及成熟的统计理论，被广泛应用于城市生活垃圾产生量的预测。由于影响城市生活垃圾产生量的因素较多，通常采用多元回归模型来描述其影响关系。在城市生活垃圾回归预测中，生活垃圾产生量主要同经济和人口变量相关。① 为了符合回归模型的理论假设，输入的变量必须严格满足独立性、常方差和正态误差等要求。对于城市生活垃圾资源化处置过程而言，这些约束难以全部满足。因此，有些学者基于物质流构建回归预测模型，描述城市生活垃圾产生的过程及其动态性特征。Hokket 等人②以及 Hekkert 等人③基于物质流思想建立投入产出回归模型，对城市生活垃圾产生量进行预测，并将预测结果同实际产生量进行比较，发现预测结果同实际数值有较大的偏差。因此，传统的回归模型并不适用于对城市生活垃圾产生量的预测。

(4) 系统动力学预测

系统动力学(System Dynamic，SD)是由 Forrester 教授于 1956 年提出的基于系统思维来分析复杂信息反馈系统的学科。系统动力学是从系统微观结构出发，分析系统内部各个因素之间的反馈关系，然后构建整体系统结构模型。在模型中，通常采用微分方程对系统中的各个因素进行定量描述。④

运用系统动力学对城市生活垃圾产生量进行预测时，首先要考虑影响城市生活垃圾产生的因素，然后通过微分方程对其进行描述，最后按照构建的系统结构模型进行求解，实现对城市生活垃圾产生量的预测。Dyson 和 Chang⑤ 以及 Kollikkathara 等人⑥都运用系统动

---

① Abdoli M A, Falahnezhad M, Behboudian S. Multivariate econometric approach for solid waste generation modeling: Impact of climate factors[J]. Environmental Engineering Science, 2011, 28(9): 627-633.

② Hockett D, Lober D J, Pilgrim K. Determinants of Per Capita Municipal Solid Waste Generation in the Southeastern United States[J]. Journal of Environmental Management, 1995, 45(3): 205-217.

③ Hekkert M P, Joosten L A J, Worrell E. Analysis of the dissertation and wood flow in The Netherlands [J]. Resources Conservation & Recycling, 2000, 30(1): 29-48.

④ 李旭. 社会系统动力学：政策研究的原理方法和应用[M]. 上海：复旦大学出版社，2009.

⑤ Dyson B, Chang N B. Forecasting municipal solid waste generation in a fast-growing urban region with system dynamics modeling[J]. Waste Management, 2005, 25(7): 669-679.

⑥ Kollikkathara N, Feng H, Yu D. A system dynamic modeling approach for evaluating municipal solid waste generation, landfill capacity and related cost management issues[J]. Waste Management, 2010, 30(11): 2194-2203.

力学模型对城市生活垃圾产生量进行了预测,并同实际产生量进行比较,预测结果较为理想。但系统动力学仅能对确定性数据进行预测,难以对城市生活垃圾产生过程中的不确定性数据进行表述。因此系统动力学对城市生活垃圾产生量进行预测存在一定的局限性。

1.2.1.2 智能算法在城市生活垃圾产生量预测上的应用

智能算法预测模型相较传统的预测模型,对于城市生活垃圾产生量的预测具有一定的优势[1]。智能算法通过对城市生活垃圾产生量的历史数据中所呈现的非线性特征进行研究,以此预测出下一期的数值。智能算法主要包括人工神经网络(Artificial Neural Network,ANN)、自适应神经模糊推理系统(Adaptive Neural Fuzzy Inference System,ANFIS)、支持向量机(Support Vector Machine,SVM)等。其高度的灵活性以及高精度的预测能力越来越受到学者们的青睐。并且,智能算法不仅能对短期变量进行预测,还能对中期、长期变量进行预测。

(1)人工神经网络算法

人工神经网络算法是基于人类大脑感知及其神经系统设计和开发的神经元信息处理算法。该算法最显著的特点就是其学习能力,它可以通过一组输入输出的数据,构造一个复杂的非线性模型。因此,人工神经网络算法被广泛应用于非线性系统模型的构建。[2] 城市生活垃圾产生量具有非线性的特征,因此人工神经网络算法能够有效预测城市生活垃圾的产生量。

Ordóñez-Ponce 等人[3]采用多层感知神经网络预测智利城市生活垃圾的长期产生率。他们构建的神经网络预测模型,考虑了人口、经济、地理等影响因素,预测精度较高。根据预测结果发现,人口、城镇人口比重、教育水平、图书馆数量以及贫困人口是影响智利生活垃圾产生的最主要因素。

Noori 等人[4][5]运用人工神经网络算法预测城市生活垃圾短期的产生量,他们以城市生活垃圾产生量的时间序列数据作为研究数据进行预测。预测结果表明,具有一个隐含层和 16 个神经元的前馈神经网络是预测短期城市生活垃圾产生量的最优模型。但是,由于数

---

[1] Ali Abdoli M, Falah Nezhad M, Salehi Sede R, et al. Longterm forecasting of solid waste generation by the artificial neural networks[J]. Environmental Progress & Sustainable Energy, 2012, 31(4): 628-636.

[2] Firat M, Turan M E, Yurdusev M A. Comparative analysis of neural network techniques for predicting water consumption time series[J]. Journal of Hydrology, 2010, 384(1-2): 46-51.

[3] Ordonez-Ponce E, Samarasinghe S, Torgerson L. Artificial neural networks for assessing waste generation factors and forecasting waste generation: A case study of Chile[J]. Journal of Solid Waste Technology and Management, 2006, 32(3): 167-184.

[4] Noori R, Abdoli M A, Farrokhnia A, et al. Solid waste generation predicting by hybrid of artificial neural network and wavelet transform[J]. Journal of Environmental Studies, 2009, 35(49): 25-30.

[5] Noori R, Abdoli M A, Ghazizade M J, et al. Comparison of neural network and principal component-regression analysis to predict the solid waste generation in Tehran[J]. Iranian Journal of Public Health, 2009, 38(1): 74-84.

据中的不相关性以及噪声，人工神经网络预测的精度受到影响，因此引入主成分分析、小波变换和伽玛检验等方法来提高预测精度。Zade 和 Noori① 运用前馈人工神经网络预测伊朗马什哈德旅游城市每周垃圾产生量。他们发现，当生活垃圾的产生不具有空间特征时，ANN 模型可以很好地对其进行预测。

尽管人工神经网络算法对于城市生活垃圾产生量问题具有较好的预测能力，但由于训练中的过度拟合、局部极小化以及泛化能力较差等特点，人工神经网络算法的适用性较差。

（2）自适应神经模糊推理系统

自适应神经模糊推理系统是将人工神经网络同模糊逻辑相结合的数据驱动建模方法。Tiwari 等人② 考虑了影响城市生活垃圾产生的三个因素(经济趋势、人口变化以及垃圾循环率)，通过自适应神经模糊推理系统对城市生活垃圾产生量进行预测，并将预测结果同人工神经网络算法的预测效果进行比较，得出自适应神经模糊推理系统的预测精度更高。尽管城市生活垃圾产生量数据存在不完备的情况，自适应神经模糊推理系统也能较好地对其进行预测。③ 为了提高预测精度，Noori 等人④ 采用模糊目标回归方法改进自适应神经模糊推理系统。

（3）支持向量机

支持向量机是由 Vapnik 等人提出的一种改进的神经网络算法⑤。支持向量机是基于统计学习理论和结构风险最小原理，依据有限的样本信息，在模型复杂性和学习能力之间寻求最优折衷的智能算法。大多数传统的神经网络模型旨在寻找最小分类误差或训练数据正解的偏离度，可能仅获得局部最优解，而支持向量机则通过搜索整体误差获取全局最优解。并且，支持向量机还能有效避免过度拟合的状况。⑥ Abbasi 等人⑦ 运用支持向量机模型对伊朗德黑兰每周的城市生活垃圾产生量进行预测，他们发现支持向量机在短期内预测

---

① Jalili Ghazi Zade M, Noori R. Prediction of municipal solid waste generation by use of artificial neural network: A case study of Mashhad[J]. Int. J. Environ. Res, 2008, 2(1): 13-22.

② Tiwari M K, Bajpai S, Dewangan U K. Prediction of industrial solid waste with ANFIS Model and its comparison with ANN Model—A case study of Durg-Bhilai Twin City India[J]. International Journal of Engineering and Innovative Technology, 2012, 2(6): 192-201.

③ Chen H W, Chang N B. Prediction analysis of solid waste generation based on grey fuzzy dynamic modeling [J]. Resources, conservation and Recycling, 2000, 29(1-2): 1-18.

④ Noori R, Abdoli M A, Farokhnia A, et al. RETRACTED: Results uncertainty of solid waste generation forecasting by hybrid of wavelet transform-ANFIS and wavelet transform-neural network[J]. Expert Systems with Applications, 2009: 9991-9999.

⑤ Vapnik V. The nature of statistical learning theory[M]. Springer Science & Business Media, 2013.

⑥ Kim K. Financial time series forecasting using support vector machines[J]. Neurocomputing, 2003, 55(1-2): 307-319.

⑦ Abbasi M, Abduli M A, Omidvar B, et al. Forecasting municipal solid waste generation by hybrid support vector machine and partial least square model[J]. International Journal of Environmental Research, 2013, 7(1): 27-38.

城市生活垃圾产生量有较高的精度。他们还发现通过小波转换方法对输入变量进行预处理，有助于提高预测模型的精度和鲁棒性。[1]

城市生活垃圾产生量的预测按照时间可以划分为三个阶段：短期预测(以天为时间步长)，中期预测(以月为时间步长)，长期预测(以年为时间步长)。由于智能算法适用于各个阶段的预测，因此很多学者运用不同的智能算法对城市生活垃圾不同阶段的产生量分别进行预测，如表1-2所示。

表1-2　　　　　　　　　　城市生活垃圾产生量预测算法和阶段分类

预测阶段	文献	算法
短期	Noori 等人[2]	ANN、ANFIS
	Noori 等人[3][4]	ANN
	Abbasi 等人[5][6]	SVM
中期	Zade 和 Noori[7]	ANN
长期	Chen 和 Chang[8]，Tiwari 等人[9]	ANN、ANFIS

---

[1] Abbasi M, Abduli M A, Omidvar B, et al. Results uncertainty of support vector machine and hybrid of wavelet transform - support vector machine models for solid waste generation forecasting[J]. Environmental Progress & Sustainable Energy, 2014, 33(1): 220-228.

[2] Noori R, Abdoli M A, Farokhnia A, et al. RETRACTED: Results uncertainty of solid waste generation forecasting by hybrid of wavelet transform-ANFIS and wavelet transform-neural network[J]. Expert Systems with Applications, 2009: 9991-9999.

[3] Noori R, Abdoli M A, Farrokhnia A, et al. Solid waste generation predicting by hybrid of artificial neural network and wavelet transform[J]. Journal of Environmental Studies, 2009, 35(49): 25-30.

[4] Noori R, Abdoli M A, Ghazizade M J, et al. Comparison of neural network and principal component-regression analysis to predict the solid waste generation in Tehran[J]. Iranian Journal of Public Health, 2009, 38(1): 74-84.

[5] Abbasi M, Abduli M A, Omidvar B, et al. Forecasting municipal solid waste generation by hybrid support vector machine and partial least square model[J]. International Journal of Environmental Research, 2013, 7(1): 27-38.

[6] Abbasi M, Abduli M A, Omidvar B, et al. Results uncertainty of support vector machine and hybrid of wavelet transform - support vector machine models for solid waste generation forecasting[J]. Environmental Progress & Sustainable Energy, 2014, 33(1): 220-228.

[7] Jalili Ghazi Zade M, Noori R. Prediction of municipal solid waste generation by use of artificial neural network: A case study of Mashhad[J]. Int. J. Environ. Res, 2008, 2(1): 13-22.

[8] Chen H W, Chang N B. Prediction analysis of solid waste generation based on grey fuzzy dynamic modeling[J]. Resources, conservation and Recycling, 2000, 29(1-2): 1-18.

[9] Tiwari M K, Bajpai S, Dewangan U K. Prediction of industrial solid waste with ANFIS Model and its comparison with ANN Model—A case study of Durg-Bhilai Twin City India[J]. International Journal of Engineering and Innovative Technology, 2012, 2(6): 192-201.

1.2.1.3 城市生活垃圾产生量的分布预测

由于城市生活垃圾中转站需要基于各个垃圾收集点的生活垃圾产生量数据来进行选址，因此需要对城市生活垃圾产生量的分布情况进行预测。

Karadimas 和 Loumos[①]根据垃圾箱的分布、道路网络拓扑结构以及人口密度的空间分布特征，运用蚁群系统算法来预测城市生活垃圾产生量的分布情况。Kontokosta 等人[②]应用梯度增强回归树和神经网络模型，以研究区域中的居民楼为垃圾收集点，预测各个居民楼的每周垃圾产生量分布情况。

也有学者将空间因素和时间数据相结合，提高城市生活垃圾产生量预测的精确度。Johnson 等人[③]根据天气、城市规模、社会经济和人口信息等特征，构建时空预测模型，利用梯度提升回归树算法预测纽约 232 个地区的每周城市生活垃圾产生量。

通过上述的文献回顾，对于城市生活垃圾产生量预测问题，学者们从传统的预测方法发展到以智能算法为主流的预测方法。并且，研究范畴也从生活垃圾的总量预测转变到生活垃圾的分布预测。学者们对城市生活垃圾产生量预测已经取得了大量的研究成果，但对城市生活垃圾产生量不确定性分布预测问题的研究鲜少涉及。

1.2.2 城市生活垃圾中转站及垃圾处置厂选址问题研究综述

1.2.2.1 城市生活垃圾中转站选址问题

由于生活垃圾处置厂具有"邻避效应"，因此，生活垃圾处置厂通常被设立在远离城区的地方。这意味着生活垃圾的收集点到处置点的距离拉长，增加了生活垃圾的运输成本。[④] 生活垃圾中转站是介于垃圾收集点和垃圾处置厂之间的枢纽，是城市生活垃圾资源化处置系统的重要组成部分。垃圾中转站的优化选址不仅能实现生活垃圾的第一次优化配

---

① Karadimas N V, Loumos V G. GIS-based modelling for the estimation of municipal solid waste generation and collection[J]. Waste Management & Research, 2008, 26(4): 337-346.

② Kontokosta C E, Hong B, Johnson N E, et al. Using machine learning and small area estimation to predict building-level municipal solid waste generation in cities[J]. Computers, Environment and Urban Systems, 2018, 70: 151-162.

③ Johnson N E, Ianiuk O, Cazap D, et al. Patterns of waste generation: A gradient boosting model for short-term waste prediction in New York City[J]. Waste Management, 2017, 62: 3-11.

④ Zurbrugg C. Urban solid waste management in low-income countries of Asia how to cope with the garbage crisis[J]. Scientific Committee on Problems of the Environment (SCOPE) Urban Solid Waste Management Review Session, Durban, South Africa, 2002: 1-13.

置，还可以提高城市生活垃圾资源化处置系统的运行效率①。垃圾中转站的作用主要体现在：①压缩垃圾，减少垃圾体积；②减少环境影响；③为垃圾处置厂的选址提供依据②。Bovea 等人③将垃圾中转站视为现代城市生活垃圾处置系统中不可分割的一部分。

（1）生活垃圾中转站选址问题的研究方法

生活垃圾中转站的选址的研究方法主要包括启发式算法、混合整数线性规划模型以及混合整数非线性规划模型等。学者们以城市生活垃圾选址最小成本为目标，运用规划模型寻找生活垃圾中转站的最优选址，如表 1-3 所示。由表 1-3 可知，在生活垃圾中转站选址研究中，学者们的研究方法从启发式算法演变为混合整数非线性规划方法。在混合整数非线性规划模型中，非线性部分主要由垃圾收集点到垃圾中转站间的欧式距离构成。

表 1-3　　　　　　　　生活垃圾中转站最优选址研究方法

研究区域	研究方法	文献	年份
巴尔的摩（美国）	启发式算法	Marks 和 Liebman④	1970
多伦多（加拿大）	启发式算法	Jenkins⑤	1982
伊斯坦布尔（土耳其）	启发式算法	Kirca 和 Erkip⑥	1988
伊兹密尔（土耳其）	MILP1)	Or 和 Curi⑦	1993
塞得港（埃及）	MILP	Badran 和 El-Haggar⑧	2006

---

① Yadav V, Karmakar S, Dikshit A K, et al. A feasibility study for the locations of waste transfer stations in urban centers: a case study on the city of Nashik, India[J]. Journal of Cleaner Production, 2016, 126: 191-205.

② Khan M M U H, Vaezi M, Kumar A. Optimal siting of solid waste-to-value-added facilities through a GIS-based assessment[J]. Science of the Total Environment, 2018, 610: 1065-1075.

③ Bovea M D, Powell J C, Gallardo A, et al. The role played by environmental factors in the integration of a transfer station in a municipal solid waste management system[J]. Waste Management, 2007, 27(4): 545-553.

④ Marks D H, Liebman J E. Mathematical analysis of solid waste collection[M]//Public Health Service Publication. Departement of Health, Education and Welfare, 1970, 2104.

⑤ Jenkins L. Developing a solid waste management model for Toronto[J]. INFOR: Information Systems and Operational Research, 1982, 20(3): 237-247.

⑥ Kirca Ö, Erkip N. Selecting transfer station locations for large solid waste systems[J]. European Journal of Operational Research, 1988, 35(3): 339-349.

⑦ Or I, Curi K. Improving the efficiency of the solid waste collection system in Izmir, Turkey, through mathematical programming[J]. Waste Management & Research, 1993, 11(4): 297-311.

⑧ Badran M F, El-Haggar S M. Optimization of municipal solid waste management in Port Said—Egypt[J]. Waste Management, 2006, 26(5): 534-545.

续表

研究区域	研究方法	文献	年份
雅典(希腊)	MILP	Komilis①	2008
达累斯萨拉姆(坦桑尼亚)	MILP	Lyeme②	2012
希腊地区	MINLP[2)]	Chatzouridis 和 Komilis③	2012
比奥比奥(智利)	MINLP	Eiselt 和 Marianov④	2014

注：1) MILP——混合整数线性规划；2) MINLP——混合整数非线性规划。

(2) 生活垃圾中转站的多目标选址

除了数学规划模型方法外，学者们也运用多目标评价方法(Multi-Criteria Evaluation, MCE)对生活垃圾中转站进行最优选址。MCE考虑的影响因素较多，主要包括社会、经济、环境、政治、技术、运输、政府规划、排他性、可接受程度等。⑤ Gill 和 Kellerman⑥ 考虑生态环境、经济、政治、交通运输等因素，运用多目标评价方法，对垃圾中转站选址进行研究。Rafiee 等人⑦ 运用多目标评价方法，通过对伊朗的马什哈德市垃圾中转站的备选地址进行评价，并从中选出最优备选地址。在评价因素中，除了考虑社会经济因素外，还考虑了区域和环境等因素。Massam⑧ 基于决策支持系统，考虑了生态环境、经济、政治、交通运输、空间等17个影响垃圾中转站的因素作为决策指标进行选址。

Habibi 等人针对垃圾中转站选址问题的极小值和平面拓扑问题，构建二维均匀分布的平面坐标系，考虑视图和距离两个因素，寻求以最小运输距离为目标的垃圾中转站最优选

---

① Komilis D P. Conceptual modeling to optimize the haul and transfer of municipal solid waste[J]. Waste Management, 2008, 28(11): 2355-2365.

② Lyeme H. Optimization of municipal solid waste management system[M]. Lap Lambert Academic Publ, 2012.

③ Chatzouridis C, Komilis D. A methodology to optimally site and design municipal solid waste transfer stations using binary programming[J]. Resources, Conservation and Recycling, 2012, 60: 89-98.

④ Eiselt H A, Marianov V. A bi-objective model for the location of landfills for municipal solid waste[J]. European Journal of Operational Research, 2014, 235(1): 187-194.

⑤ Hosseinijou S A, Bashiri M. Stochastic models for transfer point location problem[J]. The International Journal of Advanced Manufacturing Technology, 2012, 58(1-4): 211-225.

⑥ Gil Y, Kellerman A. A multicriteria model for the location of solid waste transfer stations: the case of Ashdod, Israel[J]. Geojournal, 1993, 29(4): 377-384.

⑦ Rafiee R, Khorasani N, Mahiny A S, et al. Siting transfer stations for municipal solid waste using a spatial multi-criteria analysis[J]. Environmental & Engineering Geoscience, 2011, 17(2): 143-154.

⑧ Massam B H. The location of waste transfer stations in Ashdod, Israel, using a multi-criteria decision support system[J]. Geoforum, 1991, 22(1): 27-37.

址方案①。Li 和 Prins 对生活垃圾中转站选址问题进行拓展，基于多产品在中转站的流动，提出分散搜索算法，该算法采用数据挖掘技术，对中转站的最优选址进行多元化搜索②。

王金华、孙克伟、房镇等人③考虑城市规划、地理环境、转运容量以及外部环境等因素，对垃圾中转站选址的理论、模型以及算法进行研究和分析。郑帮强④考虑影响垃圾中转站选址的社会、经济、环境以及交通等因素，构建逆向物流网络设计的双目标整数规划模型。该模型以运输成本最小化和环境影响最小化为双目标函数，运用线性加权法和模糊多目标整数规划对模型进行求解，寻求最优垃圾中转站选址。

城市生活垃圾中转站选址考虑的因素较多，主要分为社会、经济、环境三大类。对于生活垃圾中转站选址的研究方法也集中于数学规划和多目标评价两大类。在数学规划模型中，学者们主要以选址成本最小化为目标，而多目标评价分析中，则综合考虑各个方面的因素对各个备选地址进行评价，得出最优选址。由于生活垃圾的产生是一个动态过程，因此，生活垃圾中转站的容量规模设置应具有动态性。现有研究主要集中于生活垃圾中转站的位置选择，对于动态容量限制的生活垃圾中转站选址的研究较少。

1.2.2.2 城市生活垃圾处置厂选址问题

生活垃圾资源化处置厂因其对环境的污染（如噪音、气味、土壤和水质污染等），城镇居民对其避之不及。城市生活垃圾资源化处置厂的选址问题研究通常以总成本最小化为目标来构建混合整数规划模型。也有学者将社会和环境因素融入模型，如温室气体排放、资源化率⑤、污染状况⑥、垃圾处置厂设置数量⑦、社会接受度⑧、邻避效

---

① Habibi F, Asadi E, Sadjadi S J, et al. A multi-objective robust optimization model for site-selection and capacity allocation of municipal solid waste facilities: A case study in Tehran[J]. Journal of Cleaner Production, 2017, 166: 816-834.

② Li J, Prins C, Chu F. A scatter search for a multi-type transshipment point location problem with multicommodity flow[J]. Journal of Intelligent Manufacturing, 2012, 23(4): 1103-1117.

③ 王金华，孙可伟，房镇. 城市垃圾中转站选址研究[J]. 环境科学与管理，2008，33(5): 57-59.

④ 郑帮强. 城市生活垃圾收集的选址—配置问题研究[D]. 武汉：华中科技大学，2009.

⑤ Erkut E, Karagiannidis A, Perkoulidis G, et al. A multicriteria facility location model for municipal solid waste management in North Greece[J]. European Journal of Operational Research, 2008, 187(3): 1402-1421.

⑥ Eiselt H A, Marianov V. A bi-objective model for the location of landfills for municipal solid waste[J]. European Journal of Operational Research, 2014, 235(1): 187-194.

⑦ Galante G, Aiello G, Enea M, et al. A multi-objective approach to solid waste management[J]. Waste Management, 2010, 30(8): 1720-1728.

⑧ Song B D, Morrison J R, Ko Y D. Efficient location and allocation strategies for undesirable facilities considering their fundamental properties[J]. Computers & Industrial Engineering, 2013, 65(3): 475-484.

应①以及公平性②。

  Alumur 和 Kara③ 以总成本和运输风险最小化为目标，构建多目标规划模型确定垃圾处置厂的选址。Erkut 等人④以经济和环境为目标构建多目标混合整数线性规划模型研究垃圾处置厂的选址和生活垃圾配置问题。上述模型都是以系统成本最小化为主要目标。Coutinho-Rodrigues 等人⑤以投资成本和居民不满度最小化为目标，构建多目标混合整数规划模型。通过求解模型，确定垃圾处置厂的设置数量及位置。Chatzouridis 和 Komilis⑥ 假定生活垃圾的数量和分布情况已知的前提下，对现有生活垃圾收运网络进行优化，以生活垃圾收运网络中各个节点的运输成本最小为目标，构建非线性数学规划模型。最后再同地理信息系统结合来确定垃圾处置厂的选址。Ardjmand 等人⑦基于文献，⑧ 将垃圾回收运输成本和风险因素融入目标函数中，构建多目标生活垃圾处置厂选址模型。Eiselt 和 Marianov⑨ 以总成本和污染最小化为目标，构建多目标规划模型来同时确定生活垃圾中转站和垃圾处置厂的选址和规模。Asefi 等人⑩把生活垃圾处置厂的选址和生活垃圾运输路线问题融合在一起，构建垃圾运输路线最优和选址成本最小的数学模型。Jabbarzadeh 等人⑪基于垃圾收集点、生活垃圾中转站、垃圾处置厂以及垃圾转运车组成的城市生活垃圾网

---

 ① Erkut E, Neuman S. A multiobjective model for locating undesirable facilities[J]. Annals of Operations Research, 1992, 40(1): 209-227.

 ② Hwang, Ching Lai, Masud, Abu Syed Md. Multiple Objective Decision Making —— Methods and Applications[M]// Fuzzy Multiple Objective Decision Making, 1994.

 ③ Alumur, Sibel, and Bahar Y. Kara. A new model for the hazardous waste location-routing problem[J]. Computers & Operations Research 2007, 34(5): 1406-1423.

 ④ Erkut E, Neuman S. A multiobjective model for locating undesirable facilities[J]. Annals of Operations Research, 1992, 40(1): 209-227.

 ⑤ Coutinho-Rodriguesabbbc J. A bi-objective modeling approach applied to an urban semi-desirable facility location problem[J]. European Journal of Operational Research, 2012, 223(1): 203-213.

 ⑥ Chatzouridis C, Komilis D. A methodology to optimally site and design municipal solid waste transfer stations using binary programming[J]. Resources, Conservation & Recycling, 2012, 60(none): 89-98.

 ⑦ Ardjmand E, Young W A, Weckman G R, et al. Applying genetic algorithm to a new bi-objective stochastic model for transportation, location, and allocation of hazardous materials [J]. Expert Systems with Applications An International Journal, 2016, 51(C): 49-58.

 ⑧ Chatzouridis C, Komilis D. A methodology to optimally site and design municipal solid waste transfer stations using binary programming[J]. Resources, Conservation & Recycling, 2012, 60(none): 89-98.

 ⑨ Eiselt H A, Marianov V. Location modeling for municipal solid waste facilities[J]. Computers & Operations Research, 2015, 62(C): 305-315.

 ⑩ Asefi H, Lim S, Maghrebi M. A mathematical model for the municipal solid waste location-routing problem with intermediate transfer stations[J]. Australasian Journal of Information Systems, 2015, 19.

 ⑪ Asefi H, Lim S, Maghrebi M. A mathematical model for the municipal solid waste location-routing problem with intermediate transfer stations[J]. Australasian Journal of Information Systems, 2015, 19.

络，构建多目标优化模型，并采用交互式模糊规划逻辑方法对模型进行求解垃圾中转站和垃圾处置厂的最优选址以及垃圾最优运输路线。通过上述文献回顾，可以发现在研究生活垃圾处置厂选址问题时，很多学者会将垃圾中转站的选址考虑在内，如表1-4所示。

由表1-4可知，在生活垃圾中转站及生活垃圾处置厂的选址问题研究中，多目标模型成了主流趋势，其中，成本是首要考虑因素，其次是环境因素，由于社会因素量化存在一定的难度，因此，对社会因素考虑得最少。对于选址主体也由之前的单主体选址研究发展到现在的双主体选址研究，充分说明了垃圾中转站和垃圾处置厂选址问题的整体性和系统性。

表1-4　　　　　　　　　生活垃圾中转站及处置厂选址模型总结

文献	目标数量		目标类型			选址主体	
	单目标	多目标	成本	环境	社会	垃圾中转站	垃圾处置厂
Alumur 和 Kara[①]		√	√				√
Erkut 等人[②]		√	√	√		√	√
Coutinho-Rodrigues 等人[③]		√	√		√		
Chatzouridis 和 Komilis[④]	√		√			√	
Ardjmand 等人[⑤]	√		√				√
Eiselt 和 Marianov[⑥]		√	√	√			
Asefi 等人[⑦]	√		√			√	√
Jabbarzadeh 等人[⑧]		√	√	√		√	√

---

① Alumur, Sibel, and Bahar Y. Kara. A new model for the hazardous waste location-routing problem[J]. Computers & Operations Research 2007, 34(5): 1406-1423.

② Erkut E, Neuman S. A multiobjective model for locating undesirable facilities[J]. Annals of Operations Research, 1992, 40(1): 209-227.

③ Coutinho-Rodriguesabbbc J. A bi-objective modeling approach applied to an urban semi-desirable facility location problem[J]. European Journal of Operational Research, 2012, 223(1): 203-213.

④ Chatzouridis C, Komilis D. A methodology to optimally site and design municipal solid waste transfer stations using binary programming[J]. Resources, Conservation & Recycling, 2012, 60(none): 89-98.

⑤ Ardjmand E, Young W A, Weckman G R, et al. Applying genetic algorithm to a new bi-objective stochastic model for transportation, location, and allocation of hazardous materials[J]. Expert Systems with Applications An International Journal, 2016, 51(C): 49-58.

⑥ Eiselt H A, Marianov V. Location modeling for municipal solid waste facilities[J]. Computers & Operations Research, 2015, 62(C): 305-315.

⑦ Asefi H, Lim S, Maghrebi M. A mathematical model for the municipal solid waste location-routing problem with intermediate transfer stations[J]. Australasian Journal of Information Systems, 2015, 19.

⑧ Jabbarzadeh A, Darbaniyan F, Jabalameli M S. A multi-objective model for location of transfer stations: case study in waste management system of Tehran[J]. Journal of Industrial and Systems Engineering, 2016, 9(1): 109-125.

1.2.3 城市生活垃圾优化配置问题研究综述

城市生活垃圾资源化处置系统是一个复杂系统，系统中存在较多的不确定性变量，如垃圾产生量、垃圾回收率、运输成本及处理成本、运输能力、垃圾处置能力、衍生物转化率等。不确定性变量的表述方式成为城市生活垃圾优配问题的研究重点。不确定性变量主要有三种表述方式：①灰色理论的区间数；②模糊理论的隶属函数；③概率论的概率分布函数。学者们从上述表述方式中选择一种或多种对城市生活垃圾资源化处置系统中的变量进行表述来构建数学规划模型，对城市生活垃圾优配问题进行研究。本书将选择一种表述方式数学规划模型称为单一规划模型，选择多种表述方式的数学规划模型称为混合规划模型。

1.2.3.1 城市生活垃圾优配问题的单一规划模型

（1）灰色规划模型

灰色规划模型是以区间数的形式表述不确定性变量，构建数学规划模型。Huang 等人将生活垃圾产生量、垃圾运输成本、垃圾处置厂的运营成本等变量运用区间数进行表述，构建灰色线性规划模型[1]研究城市生活垃圾优配问题。在此基础上，Huang 等人又考虑了垃圾处置厂处置能力扩大因素、动态性以及非线性特征，分别构建灰色整数规划模型[2]、灰色动态规划模型[3]以及灰色二次线性规划模型[4]求解生活垃圾最优配置方案。Lu 等人将碳排放权的购买成本融入目标函数中，在 Huang 等人构建的灰色整数规划模型[5]基础上，构建新的区间动态线性规划模型。[6] 在城市生活垃圾优化配置问题中，除了考虑系统成本外，还应考虑垃圾处置的环境影响。胡治飞与郭怀成将成本最小化与环境影响最小化作为目标，构建多目标灰色线性规划模型，对 4 种情况（成本最小化、大气污染最小化、地下

---

[1] Huang G, Baetz B W, Patry G G. A grey linear programming approach for municipal solid waste management planning under uncertainty[J]. Civil Engineering Systems, 1992, 9(4): 319-335.

[2] Guo H. Huang, Brian W. Baetz, Gilles G. Patry. Grey integer programming: An application to waste management planning under uncertainty[J]. Socio-Economic Planning Sciences, 1995, 29(1): 17-38.

[3] Huang G H, Baetz B W, Patry G G. Grey Dynamic Programming for Waste-Management Planning under Uncertainty[J]. Journal of Urban Planning & Development, 1994, 120(3): 132-156.

[4] Huang G H, Baetz B W, Patry G G. Grey quadratic programming and its application to municipal solid waste management planning under uncertainty[J]. Engineering Optimization, 1995, 23(3): 201-223.

[5] Huang G, Baetz B W, Patry G G. A grey linear programming approach for municipal solid waste management planning under uncertainty[J]. Civil Engineering Systems, 1992, 9(4): 319-335.

[6] H. W. Lu, G. H. Huang, L. He, et al. An inexact dynamic optimization model for municipal solid waste management in association with greenhouse gas emission control[J]. Journal of Environmental Management, 2009, 90(1): 396-409.

水污染最小化以及决策者的偏好)进行比较,得出不同情况下的最优方案。①

(2)模糊规划模型

模糊规划模型是用隶属函数表述不确定性变量并构建规划模型。Chang 和 Wang 将 Huang 等学者研究的单目标规划模型②③进行拓展,将生活垃圾产生量、成本等经济变量以及噪音、空气污染、运输污染等环境变量,运用降半梯形隶属函数表述,同时考虑经济和环境两个因素,构建模糊多目标整数规划模型寻求生活垃圾最优配置方案及垃圾处置厂产能扩大方案。④ Srivastava 和 Nema⑤ 运用三角隶属函数表示不确定性变量,并在目标函数中引入环境风险变量,构建由系统成本和环境风险组成的多目标模糊线性规划模型。Li 等人⑥将温室气体排放作为上层规划、系统成本为下层规划构建模糊双层规划模型,寻求加拿大里贾纳市用于填埋处置的最优垃圾配置量。为了提高系统的稳定性,Xu 等人用梯形模糊隶属函数表示垃圾的产生量、垃圾运输成本及垃圾处置厂的运营成本。先构建模糊规划模型,再将原目标函数期望值、原目标函数最大最小值之差以及最坏情况下的约束条件进行加权求和作为新的目标函数,对原模糊规划模型进行优化,构建模糊鲁棒规划模型。⑦ 为了使优配方案同政策目标一致,Xu 等人在文献⑧所构建的模型基础上,加入模糊违犯度变量,构建新的模糊鲁棒规划模型,实现系统目标与系统稳定性之间的均衡。⑨

---

① 胡治飞,郭怀成. 城市生活垃圾管理规划优化研究[J]. 环境工程,2004,22(4):45-49.

② Huang G, Baetz B W, Patry G G. A grey linear programming approach for municipal solid waste management planning under uncertainty[J]. Civil Engineering Systems, 1992, 9(4): 319-335.

③ Guo H. Huang, Brian W. Baetz, Gilles G. Patry. Grey integer programming: An application to waste management planning under uncertainty[J]. Socio-Economic Planning Sciences, 1995, 29(1): 17-38.

④ Ni-Bin Chang, S. F. Wang. A fuzzy goal programming approach for the optimal planning of metropolitan solid waste management systems[J]. European Journal of Operational Research, 1997, 99(2): 303-321.

⑤ Amitabh Kumar Srivastava, Arvind K. Nema. Fuzzy parametric programming model for multi-objective integrated solid waste management under uncertainty[J]. Expert Systems With Applications, 2012, 39(5): 4657-4678.

⑥ Li J, He L, Fan X, et al. Optimal control of greenhouse gas emissions and system cost for integrated municipal solid waste management with considering a hierarchical structure[J]. Waste Management & Research, 2017, 35(8): 874-889.

⑦ Xu Y, Huang G, Xu L. A Fuzzy Robust Optimization Model for Waste Allocation Planning Under Uncertainty[J]. Environmental Engineering Science, 2014, 31(10): 556.

⑧ Xu Y, Huang G, Xu L. A Fuzzy Robust Optimization Model for Waste Allocation Planning Under Uncertainty[J]. Environmental Engineering Science, 2014, 31(10): 556.

⑨ Xu Y, Huang G, Li J. An enhanced fuzzy robust optimization model for regional solid waste management under uncertainty[J]. Engineering Optimization, 2016, 48(11): 1869-1886.

(3)随机规划模型

不确定性变量除了运用区间数、隶属函数表述外,还可以用随机变量或概率分布函数表述。在城市生活垃圾优配问题中,配置给垃圾处置厂的生活垃圾量不应大于其处置能力,为了保障这个约束条件,学者们通过引入安全系数来实现。Zhou 等人①运用随机变量分别表示垃圾产生率和安全系数,构建随机混合整数机会约束规划模型。为了提高模型和解的鲁棒性,Xu 等人构建随机鲁棒机会约束规划模型,提高随机规划中最优解和模型之间的均衡性。②

通过上述单一规划模型的文献回顾发现,学者们对不确定性城市生活垃圾优配问题的研究集中在对不确定性变量的表述方法、多目标模型的构建以及模型的鲁棒性三个方面。而这类模型的不足在于,仅靠单一表述方式难以将所有不确定性变量进行表述。因此,更多的学者通过构建混合规划模型对城市生活垃圾优配问题进行研究。

1.2.3.2 城市生活垃圾优配问题的混合规划模型

(1)灰色模糊混合规划模型

灰色规划模型是将目标函数和约束条件中的系数用区间值表述,而模糊规划模型是将规划模型中约束条件的边界模糊化。Huang 等人③将二者结合起来构建灰色模糊规划模型,研究城市生活垃圾优配问题,该模型相较单一的区间规划模型和模糊规划模型,对不确定性变量的描述更加完善。Chang 和 Wang 基于文献④⑤,将生活垃圾产生量用区间数表述,经济变量和环境变量用降半梯形隶属函数表述,考虑经济和环境两个目标,构建灰色模糊多目标整数规划模型寻求生活垃圾最优配置方案。⑥ 在城市生活垃圾配置过程中,配置给

---

① Zhou M, Lu S, Tan S, et al. A stochastic equilibrium chance-constrained programming model for municipal solid waste management of the City of Dalian, China[J]. Quality & Quantity, 2015, 51: 1-20.

② Xu Y, Huang G H, Qin X S, et al. SRCCP: a stochastic robust chance-constrained programming model for municipal solid waste management under uncertainty[J]. Resources Conservation & Recycling, 2009, 53(6): 352-363.

③ HUANG G U O H, BAETZ B W, PATRY G G. Grey fuzzy dynamic programming: Application to municipal solid waste management planning problems[J]. Civil Engineering Systems, 1994, 11(1): 43-73.

④ Ni-Bin Chang, S. F. Wang. A fuzzy goal programming approach for the optimal planning of metropolitan solid waste management systems[J]. European Journal of Operational Research, 1997, 99(2): 303-321.

⑤ HUANG G U O H, BAETZ B W, PATRY G G. Grey fuzzy dynamic programming: Application to municipal solid waste management planning problems[J]. Civil Engineering Systems, 1994, 11(1): 43-73.

⑥ Chang N B, Chen Y L, Wang S F. A fuzzy interval multiobjective mixed integer programming approach for the optimal planning of solid waste management systems[J]. Fuzzy Sets & Systems, 1997, 89(1): 35-60.

各个垃圾处置厂的垃圾量难以严格满足其处置能力,针对这种情况,Zou 等人①将灰色理论、模糊理论结合,引入违反度变量,构建灰色模糊混合规划模型。Huang 等人②在垃圾处置厂处置能力约束条件中引入违犯度变量,构建灰色模糊规划模型,并用后悔值法求得最优违犯度区间以及垃圾处置厂产能扩大方案。由于垃圾处置过程中存在大量不确定的信息,使得城市生活垃圾资源化处置系统的稳定性和最优性难以同时满足。Nie 等人通过将两个模糊数重叠,扩大目标函数适用范围,应用灰色模糊规划模型对系统进行鲁棒优化,在系统稳定性和最优性之间寻求均衡。③ Lu 等人通过引入多控制变量,提高目标函数和约束条件的违犯度,构建灰色两阶段模糊线性规划模型,该模型有助于决策者根据实际情况对现有配置方案进行调整。④

(2)灰色随机混合规划模型

城市生活垃圾资源化处置系统中不确定性变量,通常用区间数形式表述,而目标函数以及约束条件则会以随机函数的形式表述。Huang 等人运用区间数表示垃圾产生量,运用累积分布函数表示垃圾回收率的不确定性,构建灰色随机混合整数规划模型。⑤ 生活垃圾产生量、垃圾处置厂的处置能力等变量除了用区间数表述外,还可以用随机边界区间表述。随机边界区间是将区间中的上下界以连续随机变量的形式表示,以提高模型的稳定性。Cheng 等人将垃圾焚烧发电厂的处置能力用随机边界区间表示,并加入安全系数以保障系统稳定性。⑥ Wu 等人将温室气体排放和系统成本作为目标函数,并用双随机变量分别表述生活垃圾产生量和垃圾发电厂的处置能力,构建多目标双随机变量区间机会约束规

---

① Zou R, Lung W S, Guo H C, et al. An independent variable controlled grey fuzzy linear programming approach for waste flow allocation planning[J]. Engineering Optimization, 2000, 33(1): 87-111.

② Huang Y F, Baetz B W, Huang G H, et al. Violation analysis for solid waste management systems: an interval fuzzy programming approach[J]. Journal of Environmental Management, 2002, 65(4): 431-446.

③ Nie X H, Huang G H, Li Y P, et al. IFRP: a hybrid interval-parameter fuzzy robust programming approach for waste management planning under uncertainty[J]. Journal of Environmental Management, 2007, 84(1): 1-11.

④ Lu H W, Xu Y, Xu Y, et al. Inexact two-phase fuzzy programming and its application to municipal solid waste management[J]. Engineering Applications of Artificial Intelligence, 2012, 25(8): 1529-1536.

⑤ Huang G H, Sae-Lim N, Liu L, et al. An Interval-Parameter Fuzzy-Stochastic Programming Approach for Municipal Solid Waste Management and Planning[J]. Environmental Modeling & Assessment, 2001, 6(4): 271-283.

⑥ Cheng G H, Huang G H, Li Y P, et al. Planning of municipal solid waste management systems under dual uncertainties: a hybrid interval stochastic programming approach[J]. Stochastic Environmental Research & Risk Assessment, 2009, 23(6): 707-720.

划模型求解垃圾最优配置方案。① Su 等人用区间数表述生活垃圾产生量，用随机函数表述垃圾处置厂的处置能力，再构建两阶段随机规划模型对佛山生活垃圾优配方案以及垃圾处置厂产能扩大方案进行求解。②

在上述研究中，学者们都假定生活垃圾产生量为某一数值，而在现实中，生活垃圾的产生量是不确定的。Guo 等人③针对这种情况，用概率密度函数表示垃圾产生量，各个处置厂的成本及处置能力用区间数表示，构建不确定性区间随机整数线性半无限规划（约束条件中变量个数有限、变量值的可能性无限），并且求得四种情况（概率分别为 0.01, 0.05, 0.1, 0.25）的生活垃圾优配方案及垃圾处置厂产能扩大方案。He 等人基于文献④，引入随机边界区间构建半无限规划⑤，以及双无限规划模型（目标函数及约束条件中变量个数有限、变量值的可能性无限）⑥。

政府对于城市生活垃圾的管理会设置一定的管理目标，Li 和 Huang⑦将违犯度变量放入模型约束条件中来满足政府管理目标，通过构建灰色随机规划模型，找出最优垃圾配置方案以及垃圾处置厂产能扩大方案。Sun 等人在 Li 和 Huang 的研究基础上⑧用区间数表示系统中的不确定性变量、用随机变量表示垃圾配置与垃圾处置厂处置能力不匹配的情况，

---

① Wu J, Ma C, Zhang D Z, et al. Municipal solid waste management and greenhouse gas emission control through an inexact optimization model under interval and random uncertainties[J]. Engineering Optimization, 2018: 1-15.

② Su J, Guo H H, Bei D X, et al. A hybrid inexact optimization approach for solid waste management in the city of Foshan, China[J]. Journal of Environmental Management, 2010, 91(2): 389-402.

③ P. Guo, G. H. Huang, L. He. ISMISIP: an inexact stochastic mixed integer linear semi-infinite programming approach for solid waste management and planning under uncertainty[J]. Stochastic Environmental Research and Risk Assessment, 2008, 22(6): 759-775.

④ P. Guo, G. H. Huang, L. He. ISMISIP: an inexact stochastic mixed integer linear semi-infinite programming approach for solid waste management and planning under uncertainty[J]. Stochastic Environmental Research and Risk Assessment, 2008, 22(6): 759-775.

⑤ He L, Huang G H, Zeng G, et al. An Interval Mixed-Integer Semi-Infinite Programming Method for Municipal Solid Waste Management[J]. Air Repair, 2009, 59(2): 236-246.

⑥ He L, Huang G H, Zeng G M, et al. Identifying optimal regional solid waste management strategies through an inexact integer programming model containing infinite objectives and constraints[J]. Waste Management, 2009, 29(1): 21-31.

⑦ Li Y, Huang G. Modeling municipal solid waste management system under uncertainty[J]. Air Repair, 2010, 60(4): 439-453.

⑧ Li Y, Huang G. Modeling municipal solid waste management system under uncertainty[J]. Air Repair, 2010, 60(4): 439-453.

构建灰色联合概率机会约束规划模型。① Sun 等人基于 Huang 等人的模型②,以随机变量表述政府管理目标的违犯度,用二次函数表述模型中非线性特征,构建灰色机会约束二次规划模型。③ Li 等人用概率密度函数表述生活垃圾产生量、用区间数表示运输成本和垃圾处置厂从运营成本,对不符合政府管理目标的约束条件实行经济惩罚,分别考虑线性和非线性两种情况,以此构建灰色两阶段随机二次规划模型。④ Xu 等人对垃圾处置厂处置能力约束设置多个违犯度水平,寻求经济目标同政府管理目标之间的均衡。⑤

(3)模糊随机混合规划模型

模糊理论同概率论结合的混合规划模型中,通常用模糊随机数表述不确定性变量。模糊随机数是先以模糊隶属函数表述不确定变量,再用概率分布函数表述隶属函数出现的几率。在城市生活垃圾优配问题研究中,模糊随机数主要用于表述生活垃圾产生量的不确定性。Liu 等人⑥运用模糊随机数表示垃圾产生量,构建双边双重不确定性机会约束规划模型。该模型能够很好地解决约束条件左右两侧都存在不确定变量的情况。Li 等人还针对不确定性变量的非线性特征,构建了模糊两阶段二次规划模型。⑦

(4)三者结合的混合规划模型

也有学者将区间数、隶属函数以及概率分布函数三者结合来表述城市生活垃圾优配系统中的不确定性变量。Huang 等人对于约束条件的右端项的垃圾处置厂的处置能力、垃圾

---

① Sun W, Huang G H, Lv Y, et al. Inexact joint-probabilistic chance-constrained programming with left-hand-side randomness: An application to solid waste management[J]. European Journal of Operational Research, 2013, 228(1): 217-225.

② Huang G H, Sae-Lim N, Liu L, et al. An Interval-Parameter Fuzzy-Stochastic Programming Approach for Municipal Solid Waste Management and Planning[J]. Environmental Modeling & Assessment, 2001, 6(4): 271-283.

③ Sun Y, Huang G H, Li Y P. ICQSWM: An inexact chance-constrained quadratic solid waste management model[J]. Resources Conservation & Recycling, 2010, 54(10): 641-657.

④ Li Y, Huang G. Modeling municipal solid waste management system under uncertainty[J]. Air Repair, 2010, 60(4): 439-453.

⑤ Yi XU, Shunze WU, Zang H, et al. An interval joint-probabilistic programming method for solid waste management: a case study for the city of Tianjin, China[J]. Frontiers of Environmental Science & Engineering, 2014, 8(2): 239-255.

⑥ Liu F, Wen Z, Xu Y. A dual-uncertainty-based chance-constrained model for municipal solid waste management[J]. Applied Mathematical Modelling, 2013, 37(22): 9147-9159.

⑦ Li Y P, Huang G H. Fuzzy two-stage quadratic programming for planning solid waste management under uncertainty[J]. International Journal of Systems Science, 2007, 38(3): 219-233.

处置成本等不确定性变量以概率分布函数表示，构建灰色模糊随机规划模型。① Li 等人基于文献②，融入模糊理论，将生活垃圾产生量用模糊随机变量表示，构建灰色模糊两阶段随机规划模型③。Guo 等人将灰色理论、模糊理论以及概率论三者结合，将垃圾产生量用模糊随机数表述，垃圾处置厂的处置能力和运输成本用灰色区间数表述，构建灰色模糊随机混合整数规划模型，寻求最优的垃圾配置方案和垃圾处置厂产能扩大方案。④⑤ Li 和 Chen⑥ 为了提高解的适用性，用模糊随机变量表示违犯度，构建模糊随机区间规划模型求解垃圾优配问题。Zhang 和 Huang 将温室气体排放权交易考虑进目标函数中，运用区间数表示运输成本和垃圾处置厂运营成本，并用模糊随机数来表示决策者的偏好水平，构建灰色模糊随机整数规划模型。⑦ Tan 等人⑧运用模糊随机数表示垃圾产生量的双重随机性（垃圾产生量的可能性以及各个可能性出现的概率），区间数表示运输成本和垃圾处置厂运营成本，构建基于优劣度的灰色模糊随机机会约束线性规划模型。

1.2.3.3 多理论结合的混合规划模型

除了对不确定性变量运用不同方法进行表述外，也有学者将其他理论同不确定性变量

---

① Huang G H, Sae-Lim N, Liu L, et al. An Interval-Parameter Fuzzy-Stochastic Programming Approach for Municipal Solid Waste Management and Planning[J]. Environmental Modeling & Assessment, 2001, 6(4): 271-283.

② Huang G H, Sae-Lim N, Liu L, et al. An Interval-Parameter Fuzzy-Stochastic Programming Approach for Municipal Solid Waste Management and Planning[J]. Environmental Modeling & Assessment, 2001, 6(4): 271-283.

③ Y. P. Li, G. H. Huang, S. L. Nie, et al. IFTSIP: interval fuzzy two-stage stochastic mixed-integer linear programming: a case study for environmental management and planning[J]. Civil Engineering Systems, 2006, 23(2): 73-99.

④ Guo P, Huang G H. Inexact fuzzy-stochastic mixed-integer programming approach for long-term planning of waste management-Part A: Methodology[J]. Journal of Environmental Management, 2010, 91(2): 441-460.

⑤ Guo P, Huang G H. Inexact fuzzy-stochastic mixed integer programming approach for long-term planning of waste management—Part B: Case study[J]. Journal of environmental management, 2009, 91(2): 441-460.

⑥ Li P, Chen B. FSILP: Fuzzy-stochastic-interval linear programming for supporting municipal solid waste management[J]. Journal of Environmental Management, 2011, 92(4): 1198-1209.

⑦ Zhang X, Huang G. Municipal solid waste management planning considering greenhouse gas emission trading under fuzzy environment[J]. Journal of Environmental Management, 2014, 135(4): 11-18.

⑧ Tan Q, Huang G H, Cai Y. A Superiority-Inferiority-Based Inexact Fuzzy Stochastic Programming Approach for Solid Waste Management Under Uncertainty[J]. Environmental Modeling & Assessment, 2010, 15(5): 381-396.

表述方法结合求解城市生活垃圾优配问题，Li 和 Huang[1]对于城市生活垃圾产生量的不确定性，运用概率分布函数表示垃圾产生量出现的 5 种可能性（低产量、中低产量、中等产量、中高产量、高产量）。针对这 5 种可能的垃圾产生量，运用区间随机规划模型分别求出垃圾配置方案，再用后悔值的方法求得最优垃圾配置方案。Li 和 Huang 基于文献[2]，将生活垃圾处置厂处置能力是否扩容因素考虑在内，构建区间随机混合整数规划模型。[3][4] Cui 等人以长春市 6 个行政区作为研究对象，以效用值取代变量值进行最大最小后悔值研究，选择最优垃圾配置方案。[5]

智能算法作为目前比较热门的研究领域，也被应用于不确定性城市生活垃圾优配问题研究中。Yeomans 等人[6]运用遗传算法分析不确定性城市生活垃圾优配问题，并将研究结果同之前 Huang 的灰色线性规划模型结论[7]进行比较，发现成本目标函数值相较之前有所减少，垃圾配置方案更加优化。上述研究中，城市生活垃圾产生量通常用区间数、模糊随机数等方式表述，而 Dai 等人[8]则运用支持向量回归方法对其进行预测，再将预测结果代入灰色混合整数线性规划结合，构建两阶段生活垃圾优配模型。

在实际情形中，配置到生活垃圾处置厂的垃圾量可能会超过其处置能力，因而存在垃

---

[1] Li Y, Huang G. Modeling municipal solid waste management system under uncertainty[J]. Air Repair, 2010, 60(4): 439-453.

[2] Li Y, Huang G. Modeling municipal solid waste management system under uncertainty[J]. Air Repair, 2010, 60(4): 439-453.

[3] Li Y, Huang G H. Inexact minimax regret integer programming for long-term planning of municipal solid waste management—Part A: Methodology development[J]. Environmental Engineering Science, 2009, 26(1): 209-218.

[4] Li Y P, Huang G H. Inexact minimax regret integer programming for long-term planning of municipal solid waste management-Part B: Application[J]. Environmental Engineering Science, 2009, 26(1): 209-218.

[5] Cui L, Chen L R, Li Y P, et al. An interval-based regret-analysis method for identifying long-term municipal solid waste management policy under uncertainty[J]. Journal of Environmental Management, 2011, 92(6): 1484-1494.

[6] Yeomans J S. Combining Simulation with Evolutionary Algorithms for Optimal Planning Under Uncertainty: An Application to Municipal Solid Waste Management Planning in the Reginonal Municipality of Hamilton-Wentworth[J]. Journal of Environment Informaties, 2003, 2(1): 11-30.

[7] Huang G, Baetz B W, Patry G G. A grey linear programming approach for municipal solid waste management planning under uncertainty[J]. Civil Engineering Systems, 1992, 9(4): 319-335.

[8] Dai C, Li Y P, Huang G H. A two-stage support-vector-regression optimization model for municipal solid waste management — A case study of Beijing, China[J]. Journal of Environmental Management, 2011, 92(12): 3023-3037.

圾存储的问题。Zhang 等人①将城市生活垃圾的收集成本和存储成本考虑进目标函数,构建逆向物流灰色线性规划模型。Chen 等人将存储论同机会约束规划结合,将存储论中的经济批量概念融入规划模型中。他们认为垃圾的存储属于存储论补充时间极短且不允许缺货的情况,将垃圾运输的间隔时间、最优运量运用存储论模型进行求解,再结合机会约束规划,构建机会约束线性规划模型。② Zhang 等人③引入多级供应链机制,假设各个垃圾收集点收集的垃圾无法越级运输到垃圾处置厂。在这种情况下,将各个环节引入存储能力,构建机会约束规划模型求解最优配置方案。Chen 等人④基于存储论,为了更加有效配置生活垃圾,将 1 单位成本所配置的净垃圾量作为目标函数,构建随机分式规划模型。

综上所述,学者们对不确定性城市生活垃圾优配问题的研究方法如表 1-5 所示。通过表 1-5 可知,学者们在运用混合规划模型研究不确定性城市生活垃圾优配问题时,各个变量(垃圾产生量、垃圾回收率、运输成本及处理成本、运输能力及处理能力、垃圾处理残渣产生率等)的不确定表述方法、优配方案同政策规划之间的违犯度、模型适用性及稳健性以及同其他理论结合成为学者们研究的重点方向。学者们的研究范畴主要集中在生活垃圾在各个垃圾处置厂之间的配置,忽视了垃圾处置后衍生物的二次配置过程。

1.2.4 文献评述

城市生活垃圾资源化处置过程优化配置的研究主要集中在三个方面:城市生活垃圾产生量的预测,城市生活垃圾中转站及生活垃圾处置厂的选址,城市生活垃圾优配问题。

在城市生活垃圾产生量预测研究中,主要集中在两个方面:预测方法和预测范围。预测方法主要有传统预测方法和智能算法。通过文献回顾发现,由于城市生活垃圾的产生存在不确定性,智能算法对于城市生活垃圾产生量的预测效果更优。预测范围则从城市生活垃圾产生总量预测拓展到城市生活垃圾产生量的分布预测。

---

① Zhang Y M, Huang G H, He L. An inexact reverse logistics model for municipal solid waste management systems[J]. Journal of Environmental Management, 2011, 92(3): 522-530.
② Chen X J, Huang G H, Suo M Q, et al. An inexact inventory-theory-based chance-constrained programming model for solid waste management[J]. Stochastic Environmental Research & Risk Assessment, 2014, 28(8): 1939-1955.
③ Zhang Y, Huang G H, He L. A multi-echelon supply chain model for municipal solid waste management system[J]. Waste Management, 2014, 34(2): 553-561.
④ Chen X, Huang G, Zhao S, et al. Municipal solid waste management planning for Xiamen City, China: a stochastic fractional inventory-theory-based approach[J]. Environmental Science and Pollution Research, 2017, 24(31): 24243-24260.

表1-5　不确定性城市生活垃圾优配问题的研究方法

	灰色规划模型	模糊规划模型	随机规划模型	混合规划模型				其他模型
				灰色模糊规划	灰色随机规划	模糊随机规划	三者结合规划	
模型形式（不确定性变量表达形式）	区间数	隶属函数	随机变量	区间数+隶属函数	区间数+随机变量	隶属函数+随机变量	区间数+隶属函数+随机变量	其他形式
研究模型	线性规划，整数规划，动态规划，二次规划，多目标规划	多目标规划，双层规划，鲁棒优化规划	机会约束规划，鲁棒优化机会约束规划	线性规划，多目标规划，鲁棒优化规划，两阶段规划	混合整数机会约束规划，机会约束规划，联合概率机会约束规划，无限规划，机会约束二次规划，两阶段二次规划	机会约束规划，两阶段二次规划	线性规划，混合整数规划，两阶段规划，机会约束规划	后悔值区间随机规划，智能算法结合规划，存储论结合规划模型
优点	在贫数据的情况下，能够有效直接地表达不确定性	能够较为精确地将主观认识描述出来	在数据充足的情况下能够有效处理概率不确定数据	不同不确定性组合的综合优势，更符合实际				使得不确定模型的最优解算法提出了较高的要求更加完善
不足	解的最优性及可行性难以满足	解的精确性难以满足	对概率分布的数据要求较高	多种不确定性的组合对于问题求解的算法提出了较高的要求				结合难度大

在生活垃圾中转站及生活垃圾处置厂的选址问题研究中,由于选址考虑的因素较多,多目标模型的构建成了主要研究方法。在多目标模型中,成本是首要考虑因素,其次是环境因素,社会因素考虑得最少。选址主体由之前的单主体选址(生活垃圾中转站或生活垃圾处置厂)研究发展到双主体选址研究,充分说明了生活垃圾中转站和生活垃圾处置厂的选址问题的整体性和系统性。

在城市生活垃圾优配问题的研究中,由于城市生活垃圾资源化处置系统中多个变量具有不确定性特征,各个不确定变量(垃圾产生量、垃圾回收率、运输成本及处理成本、运输能力及处理能力、垃圾处置衍生物产生率等)的表述方法、生活垃圾优配方案、政府管理目标违犯度、模型适用性和鲁棒性以及多理论结合成为学者们重点研究的范畴。

通过上述文献的回顾,国内外学者们对于城市生活垃圾资源化处置过程优化配置的研究还存在以下不足。

(1)现有文献对于生活垃圾产生量和垃圾分布的预测主要集中于确定性预测,如支持向量回归预测、时间序列预测等,忽视了生活垃圾产生的不确定性特征。该特征是生活垃圾资源化处置系统选址和配置的重要前提。①

(2)学者们在研究生活垃圾中转站和生活垃圾处置厂选址时仅考虑某一时期的生活垃圾产生量,忽视了生活垃圾产生的动态性和不确定性特征。

(3)现有文献在研究城市生活垃圾优配问题时,主要考虑生活垃圾在各个垃圾处置厂之间的配置,忽视了垃圾衍生物的二次配置过程。

因此,科学地解决城市生活垃圾资源化处置过程的优配问题,需要解决以下三个方面的问题。

(1)基于城市生活垃圾产生的不确定性,需要对城市生活垃圾产生量的分布情况进行预测研究。

(2)基于城市生活垃圾分布的动态性和不确定性特征,并考虑生活垃圾中转站和生活垃圾处置厂的选址问题的整体性和系统性,需要动态地研究生活垃圾中转站以及垃圾处置厂的选址和设置规模。

(3)针对城市生活垃圾资源化处置过程中的不确定性,考虑多种垃圾资源化处置技术,结合经济和环境因素,确定城市生活垃圾及其衍生物的两级优化配置方案。

---

① Rajeev Pratap Singh, Pooja Singh, Ademir S. F. Araujo, et al. Management of urban solid waste: Vermicomposting a sustainable option[J]. Resources, Conservation & Recycling, 2011, 55(7): 719-729.

1.3 研究内容与研究方法

根据国内外研究现状，本书拟对以下问题进行研究。

(1)运用循环经济理论和可持续发展理论，分析城市生活垃圾资源化处置过程的理论基础的形成模式。

(2)结合模糊信息粒化、遗传算法、支持向量机等理论，构建城市生活垃圾产生量分布的预测模型，对生活垃圾产生量的分布情况进行预测。

(3)基于生活垃圾分布预测结果，运用两阶段数学规划模型，确定生活垃圾中转站和生活垃圾处置厂的选址及设置规模。

(4)基于灰色理论、模糊数理论，构建不确定性多目标线性规划模型求解城市生活垃圾及其衍生物的两级优化配置方案。

(5)通过应用研究，验证上述模型的可行性和科学性。

本书拟采用以下研究分析方法。

(1)比较分析法。比较分析是各个学科领域常用的一种研究方法。通过对比分析国内外学者的研究现状和研究成果，逐步形成本书的研究方法和研究内容。

(2)定性与定量结合的分析方法。本书的定性研究主要依据循环经济理论，分析城市生活垃圾的特性及资源化转换过程，论证城市生活垃圾资源化处置的可行性和必要性。定量研究则通过一定的数学方法将问题进行量化表述。本书的定量研究应用于城市生活垃圾产生量的分布预测，生活垃圾中转站和生活垃圾处置厂的两阶段选址，城市生活垃圾及其衍生物的两级优配模型的构建和求解。

(3)系统分析法。本书运用系统的思想，对城市生活垃圾产生的影响因素、生活垃圾中转站和生活垃圾处置厂选址的影响因素，城市生活垃圾及其衍生物的优配方案进行分析，为城市生活垃圾资源化处置过程的优配方案提供理论支撑。

(4)实证研究法。实证研究法是应用案例分析对理论研究加以验证。本书根据黄石市中心城区城市生活垃圾资源化处置的实际情况，构建黄石市城市生活垃圾产生量分布预测模型，预测未来三个时期的黄石市中心城区城市生活垃圾分布情况；然后，应用两阶段规划模型确定生活垃圾中转站及生活垃圾处置厂选址位置；最后，根据生活垃圾产生量分布情况、生活垃圾中转站以及垃圾资源化处置厂选址位置，求得黄石市城区城市生活垃圾及其衍生物的两级优化配置方案，并通过敏感性分析对研究结果进行讨论分析。

根据本书研究内容和方法，本书研究的技术路线如图1-3所示。

1.3 研究内容与研究方法

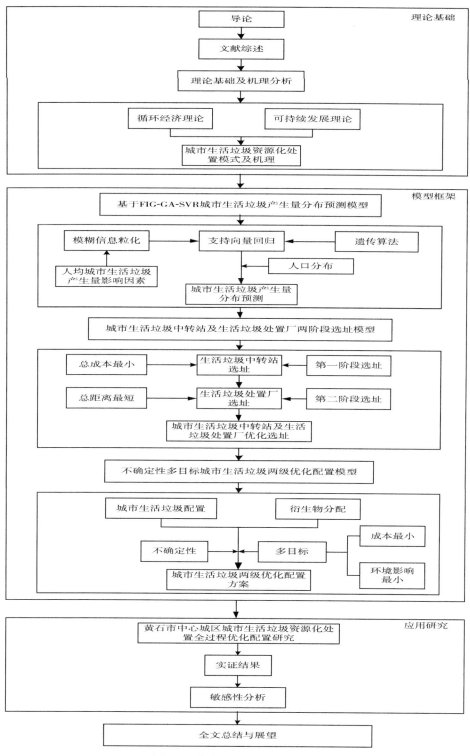

图 1-3 本书研究的技术路线图

第 2 章　城市生活垃圾资源化处置的理论基础及模式分析

2.1　城市生活垃圾的定义、成分与资源化处置技术

2.1.1　城市生活垃圾的定义与成分

城市固体垃圾通常是指在居民生活区、商业区、公共区域以及工业区活动所产生的废弃物，如表 2-1 所示。通常把居民区产生的垃圾称为城市生活垃圾。① 不同收入水平国家的生活方式、文化传统、经济水平、教育水平、饮食习惯、气候和地理条件等因素不同，城市生活垃圾的成分也不一样②，如表 2-2 所示。由表 2-2 可知，收入越高的国家，有机垃圾比例越小，垃圾含水量、密度越低，垃圾热值越高。③

表 2-1　　　　　　　　　　　城市固体垃圾的分类

来源	垃 圾 种 类
居民区	厨余垃圾、废纸、废纸板、灰尘、塑料、玻璃、金属等
商业区	厨余垃圾、灰尘、废纸、废纸板、建筑垃圾、危废垃圾等
公共区域	树叶、树枝、灰尘、路边废弃物等
工业区	切削碎屑、研磨碎屑、工业污泥、活性炭渣等

资料来源：Peavy 等人。④

---

① Rajeev Pratap Singh, Pooja Singh, Ademir S. F. Araujo, et al. Management of urban solid waste: Vermicomposting a sustainable option[J]. Resources, Conservation & Recycling, 2011, 55(7): 719-729.

② Hassan MN. Policies to improve solid waste management in developing countries: some insights in Southeast Asian Countries[C]. In: Chang EE, Chiang PC, Huang CP, Vasuki NC, editors. Proceedings of the 2nd international conference on solid waste management, 2000: 191-207.

③ Jin J, Wang Z, Ran S. Solid waste management in Macao: practices and challenges[J]. Waste Management, 2006, 26(9): 1045-1051.

④ Peavy H S, Matthews D R, Tchobanoglous G. Environmental Engineering[M]. McGraw-Hill Book Co, 1985.

表 2-2　　　　　　　　　不同收入水平国家的城市生活垃圾成分

国家类型 成分(%)	低收入国家	中等收入国家	高收入国家
有机垃圾	40~85	20~65	20~30
废纸	1~10	15~30	15~40
塑料	1~5	2~6	2~10
金属	1~5	1~5	3~13
玻璃	1~10	1~10	4~10
橡胶、废皮革等	1~5	1~5	2~10
其他垃圾	15~55	15~50	2~10
含水量(%)	40~80	40~60	5~20
密度(kg/m^3)	250~500	170~330	100~170
热值(kcal/kg)	800~1100	1000~1300	1500~2700

资料来源：Cointreau 等人。[①]

2.1.2　城市生活垃圾资源化处置技术

目前我国城市生活垃圾主要的处置方式有垃圾卫生填埋、垃圾堆肥、垃圾焚烧发电、水泥窑协同处置等。

(1) 垃圾卫生填埋

垃圾填埋是将生活垃圾堆放在地表或填埋进土地的一种处置方式。而垃圾卫生填埋则是将城市生活垃圾填埋于不透水材质或低渗水土壤内，并针对垃圾中的渗滤液和恶臭气体进行处置和检测的一种填埋处置方式。通过合理的选址、建设和管理，降低渗滤液和恶臭气体对环境造成的污染。

(2) 垃圾堆肥

由于生活垃圾中含有大量的有机垃圾成分，垃圾堆肥处置技术成为发展中国家比较青睐的一种垃圾处置方式。垃圾堆肥是指在一定条件下，对有机垃圾进行有氧生物分解而产生一种土壤调理剂，该调理剂可用于园林绿化、农业和园艺工程等。由于有机垃圾的含水量高，因此通过垃圾堆肥可以实现垃圾减量50%，同时垃圾堆肥的成本较低，并且不会产生恶臭和污染。

---

① Sandra Cointreau. Occupational and Environmental Health Issues of Solid Waste Management Special Emphasis on Middle and Lower-Income Countries[J]. Resíduos Sólidos, 2006.

(3) 垃圾焚烧发电

垃圾焚烧发电是先将未经预处置的生活垃圾作为燃料在850℃的环境下进行焚烧产生热能，再通过热能发电的一种处置方式。它将垃圾转换为二氧化碳、水、飞灰、炉渣以及电能。垃圾焚烧厂的建设投资成本较高，并且国家对于焚烧后的残留物处置要求也比较高。很多国家对其残留物处置都设置了排放标准。[1]

(4) 水泥窑协同处置

水泥窑协同处置是指先将生活垃圾首先制作成垃圾衍生燃料(Refuse Derived Fuel, RDF)，然后将其作为燃料进入水泥回转窑以1400℃的高温进行焚烧的处置方式。[2] 这种垃圾处置方式既可以减少水泥行业对化石燃料的依赖以及二氧化碳的排放。而且由于水泥窑中的温度高达1400℃，且持续时间较长，使得垃圾得到充分焚烧，不会产生任何残留物。

图2-1列出了城市生活垃圾中的各个成分采用不同技术处置后转化的资源。其中，垃圾回收再利用和垃圾卫生填埋不会改变垃圾的任何状态，而垃圾堆肥、垃圾焚烧发电和水泥窑协同处置三种技术都会改变生活垃圾中物理、化学或生物性质。因此，生活垃圾资源化处置技术主要指垃圾堆肥、垃圾焚烧发电以及水泥窑协同处置三种技术。

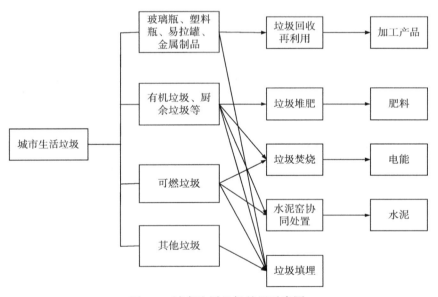

图2-1 城市生活垃圾处置示意图

---

[1] Moora H, Voronova V, Uselyte R. Incineration of Municipal Solid Waste in the Baltic States: Influencing Factors and Perspectives[M]// Waste to Energy. Springer London, 2012: 237-260.

[2] Alfonso Aranda Uson, Ana M Lopez-Sabiron, German Ferreiran, Eva Llera Sastresa. Uses of alternative fuels and raw materials in the cement industry as sustainable waste management options[J]. Renewable and Sustainable Energy Reviews, 2013(23): 242-260.

2.2 城市生活垃圾资源化处置的理论基础

2.2.1 循环经济理论

2.2.1.1 循环经济的含义

循环经济是依据生态学的思想来指导现实经济活动，符合自然界物质循环规律的经济模式。在城市生活垃圾资源化处置过程中，依据循环经济的思想，将设计生态化、生产清洁化、资源循环利用以及可持续消费结合起来，实现城市生活垃圾的减量化（Reduce）、再利用（Reuse）和资源化（Recycle），使自然生态系统和经济系统和谐共存。

传统经济是以"高开采，低利用，高排放"为指导思想的"资源—生产—消费—垃圾—污染"的单线程经济模式，如图2-2所示。人们对地球资源实行高强度的开采，再通过生产加工以及消费的形式，将污染物和垃圾排放到自然界中去。这种经济模式是粗放型的，不可循环的。虽然短期内，该经济模式可以促进人类社会的快速发展，但是在长期中，随着资源的枯竭以及环境的恶化，人类社会的发展也难以维系下去。因此，循环经济模式呼之欲出。循环经济消除了环境和人类社会发展之间的矛盾，它要求从生产到消费各个环节遵循新的经济模式和行为准则。以环境友好化为核心，倡导绿色生产和绿色消费。

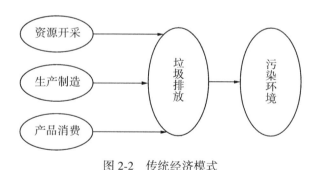

图2-2 传统经济模式

循环经济是一种对自然资源不断循环利用的经济模式，它将设计生态化、生产清洁化、资源循环利用以及可持续消费完美地结合在一起，是体现人与自然和谐共存发展的"资源—产品—垃圾—再生资源"经济发展模式，如图2-3所示。循环经济的主要特点在于低开采、高利用、低排放，通过提高资源的使用率来降低垃圾的排放和环境的污染。进而实现可持续发展。

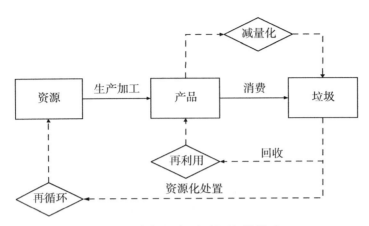

图 2-3　城市生活垃圾循环经济模式

循环经济是以资源的循环利用为基准，以"减量化、再利用、资源化"为原则，以"低耗能、低排放、高效率"为特征的社会经济生产模式。它的本质是以最少的资源消耗和最小的环境污染实现最大的经济发展效率。循环经济主要体现在生活垃圾的末端治理和源头控制两方面。末端治理是生活垃圾依据 3R 思想进行资源化处置。源头控制是指从资源的开采到产品生产消费，各个环节都遵循低耗能、低排放、高效率的生产消费模式，从源头上减少生活垃圾的产生。从传统经济向循环经济转变，需要提高生活垃圾的循环效率，实现从"高开采，低利用，高排放"到"低耗能、低排放、高效率"的转变，最终形成从"高生产、高消费、高垃圾排放"到"最优生产、最优消费、最少垃圾排放"的模式。"高生产、高消费、高垃圾排放"与"最优生产、最优消费、最优垃圾排放"的对比如表 2-3 所示。① 循环经济最终目标是要化解环境同人类社会发展的矛盾，构建可持续发展的和谐社会。

表 2-3　　　　　　　　　　　　　　两种模式的对比

高生产	最优生产
①不计资源消耗的生产 ②以利润最大化为目标的生产 ③不考虑环境影响的生产	①资源消耗和环境影响相平衡的生产 ②利润追求同环境影响相平衡的生产 ③扩大生产者责任、延长产品生命周期、开发产品的生态化设计

---

①　Sembiring E, Nitivattananon V. Sustainable solid waste management toward an inclusive society: Integration of the informal sector[J]. Resources Conservation & Recycling, 2010, 54(11): 802-809.

续表

高消费	最优消费
①消费扩大化和过剩化 ②产品的使用周期短 ③产品消费的环境影响认知不足	①消费合理化 ②延长产品使用周期的消费 ③减少使环境产生负荷的消费
高垃圾排放	最少垃圾排放
①资源使用不合理导致高垃圾排放 ②垃圾排放对环境影响的认知不足	①通过最优生产和消费减少垃圾的排放 ②垃圾的资源化处置

2.2.1.2 循环经济的原则

循环经济的原则主要包括"减量化、再利用、资源化"三种，简称为3R原则。这三个原则是构建循环经济模式的核心，缺一不可，同时这三个原则也要遵循一定的顺序才能实现循环经济，即减量化—再利用—资源化。

（1）减量化

减量化原则是循环经济的第一步，属于投入产出模式的输入端。通过生产过程中管理和技术水平的改进，减少生产过程中资源的消耗和消费过程中产品的消耗，从源头上减少资源的使用以及垃圾和污染的排放。

垃圾减量化主要体现在生产、包装和消费三个方面。在生产上，通过改进技术，减少资源的使用，特别是传统化石燃料资源的使用。还可以通过设计上的创新，生产出更为环保的商品，替代传统商品，如新能源汽车。在包装上，一次性包装的使用既浪费资源，还容易产生难以处置的垃圾，因此，减少一次性包装的使用不仅可以减少资源的浪费，还可以减少垃圾的产生量。在消费方面，不合理的生活方式易造成过度消费，产生额外的垃圾。因此，应当鼓励和提倡适度消费和绿色消费的生活方式。这样不仅有利于减少生活垃圾的产生，还有利于环境的改善。

（2）再利用

再利用原则是指在生产和消费过程中提高商品的使用频率，延长垃圾的产生时间。再利用原则主要体现在产品的生产和消费两个方面。

在生产过程中，生产商需要物尽其用，将回收的物品进行再加工，作为新的零部件或元器件使用，延长设备的使用寿命。在消费过程中，消费者减少使用一次性用品，提高商品重复使用率。对于没有用途的商品，可以采取出售或捐赠的方式，给予他人继续使用，以此节省能源和材料，延长垃圾的产生时间。

(3) 资源化

资源化原则是通过改变垃圾的物理、化学形态产生新的资源并加以利用。垃圾资源化处置主要有两种途径：一是初级资源化处置，指直接将垃圾作为生产原材料使用。二是高级资源化处置，指垃圾经过堆肥、焚烧后生产出肥料、电能和热能后，供应给个人或企业进行生产生活。

2.2.2 可持续发展理论

1987年，格罗·哈莱姆·布伦特兰在《布伦特兰报告》中提出可持续发展的概念。可持续发展是指既满足当代人的需求，同时又不损害未来人群需求的发展。因此，可持续发展不仅要考虑自然，还要考虑社会、经济和文化等问题。可持续发展有两个重要特征：①可持续性发展，发展需要持续满足当代人和未来人的需要，实现当代和未来利益的统一；②协调性发展，可持续发展并不只是单一的经济或社会的发展，也并非单一的环境的可持续性，而是"环境—社会—经济"三者协同共进的发展。

可持续发展由环境、社会、经济三个子系统的发展水平构成。因此，可持续发展同环境、社会、经济三个变量之间的函数关系可以表述为：

$$SD = F(X, Y, Z, R) \tag{2-1}$$

$$X = f_x(x_1, x_2, x_3, \cdots, x_m) \tag{2-2}$$

$$Y = f_y(y_1, y_2, y_3, \cdots, y_n) \tag{2-3}$$

$$Z = f_z(z_1, z_2, z_3, \cdots, z_p) \tag{2-4}$$

$$R = f_r(r_1, r_2, r_3, \cdots, r_q) \tag{2-5}$$

其中，SD表示可持续发展目标，X表示环境子系统发展水平，Y表示社会子系统发展水平，Z表示经济子系统发展水平，R表示各个变量之间的关联水平。环境、社会、经济三者之间的关联关系如图2-4所示。

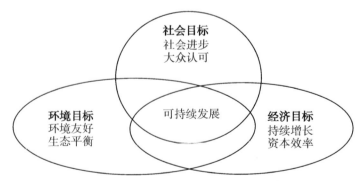

图2-4 可持续发展子系统之间的关联关系

2.2 城市生活垃圾资源化处置的理论基础

2.2.2.1 可持续发展的特征

可持续发展是由环境、社会、经济三个子系统构成的复杂系统,三个子系统是一个有机整体,不可分割。如果单独去追求经济利益最大化,会导致环境恶化,如果单独追求环境的持续,则社会难以持续发展。因此,要将环境、社会、经济三者有机结合,以环境可持续为基础,经济可持续为条件,社会可持续为目标。因此,可持续发展的本质是在环境友好、社会进步、经济增长三者之间找到一个平衡点。

(1) 环境发展的可持续性

经济的快速发展以及人口的急剧增长,使得资源枯竭、环境恶化,限制了社会的发展。我国在以往的发展模式中,对环境和自然资源的保护意识较为薄弱,基于"先污染,后治理"的思想大力发展经济。这种发展模式必然会遭受环境污染的反噬,难以持续。因此,在今后的发展中,应该以"绿水青山就是金山银山"为准则,控制环境污染、改善环境质量,以可持续发展的方式促进经济增长和社会进步。

(2) 经济发展的可持续性

经济的发展必然会消耗自然资源。如果经济发展过热,则自然资源消耗速度上升,环境污染不断增加,生态平衡被打破,反过来遏制经济的发展。因此,经济发展的可持续性必然同环境相辅相成。经济的可持续发展需要转变传统的产业结构和生产消费模式,注重经济增长质量,提高经济效益,减少垃圾的排放,实施清洁生产和合理消费。

(3) 社会发展的可持续性

社会的发展以生活质量的改善和提高为目标,生活质量的提高需要经济基础为支撑,而生活质量的改善又离不开生态环境。因此,社会的可持续发展既要解决居民的经济问题,又要保障生态环境。

2.2.2.2 可持续发展系统的内部协同

可持续发展系统由环境、经济和社会三个子系统构成。可持续发展系统内部协同模式如图2-5所示。在可持续发展系统中,环境子系统向经济子系统提供自然资源和生产空间,经济子系统通过消耗自然资源和空间,向环境子系统排放工业垃圾。环境子系统向社会子系统提供资源和生存空间,社会子系统消耗资源和生存空间,向环境子系统排放生活垃圾。经济子系统为社会子系统提供产品和资金,而社会子系统则向经济子系统提供劳动力生产要素和其他保障服务。三个子系统相互协同,共同构建可持续发展系统。

可持续发展系统是由环境、经济、社会共同构成的复杂系统,因此,三者之间的协同发展是可持续发展的核心内容。为了实现可持续发展,传统的环境、经济、社会发展方式都需要进行调整。

(1)生态环境的保护

经济和社会发展都需要消耗自然资源,如土地、水、矿产等。为了实现可持续发展,需要考虑这些自然资源的合理开发和综合利用,在满足当代人类社会和经济发展的同时,还需要考虑未来人们的需要。

(2)经济结构的调整

经济结构的调整主要在于产业结构的调整,即产业政策的调整。产业政策的调整需要依据可持续发展的要求,明确经济发展方向和发展模式。因此需要确定产业结构中的主导产业、基础产业和附属产业。在生产过程中,要秉承清洁生产和环保的思想,减少资源消耗和垃圾排放,发展科学技术,提高经济效益。

(3)社会资源的优化配置

为了让自然能够承载人类的发展需求,必须适度控制人口,同时还要提高劳动者的素质和技术水平,使社会的发展具有可持续性。社会既要发展,也要兼顾公平,因此,需要对现有资源进行优化配置。

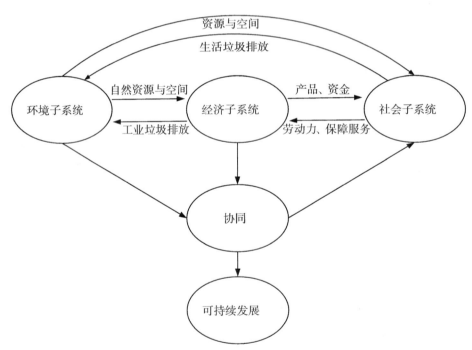

图2-5 可持续发展系统的内部协同模式

2.2.3 机器学习理论

机器学习是指将多门学科交叉来研究计算机如何模拟和实现人类的学习行为,从而获取新知识并不断完善自身的性能。机器学习的优势在于通过之前的学习，如果今后遇到相似问题，可以更加有效地来解决该问题，同时还可以不断完善其性能。机器学习理论是人工智能的核心，是使计算机具有智能化的重要根本。

Rosenblartt 于 1957 年首次提出感知器模型，这也是机器学习的第一个模型。在感知器模型之后，其他的一些机器学习模型也不断被提出。例如自适应学习机、隐马尔可夫模型。随着后传播的出现，神经网络算法被提出，感知器模型也得到了很大的发展。感知器模型使新的神经元合成了一个连续函数，并通过计算神经元的梯度来接近期望函数。之后，统计学习理论开始诞生。统计学习理论为解决小样本问题提供了理论基础，支持向量机就是基于统计学习理论而诞生的。

机器学习主要分为三个阶段。第一阶段是学习方法，即应用什么样的算法来解决问题。第二阶段是了解机理，即将人类学习知识和技术的方法应用到机器学习上来解决问题。第三阶段是面向任务，即通过某些特定任务要求来设定符合其要求的学习系统。

综上所述，机器学习主要有三种应用方式。

(1) 分类。分类是在不确定概率的情况下，充分利用已知数据寻求一个可使用的函数，令分类的损失函数最小。

(2) 回归估计。回归估计主要是指逼近。假定机器训练输出值为 y，损失函数为 $L[y, f(x, \alpha)] = [y - f(x, \alpha)]^2$。则令 $R(\alpha) = \int L[y, f(x, \alpha)] dF(x, y)$ 最小的函数为回归函数。回归估计的关键在于概率密度未知的前提下，根据已有数据求得令风险泛函最小的密度函数。

(3) 密度估计。密度估计是对密度函数问题进行估计。假定损失函数为 $L[p(x, \alpha)] = -\log p(x, \alpha)$，其目标是令泛函最小。同理，在概率密度未知的前提下，根据已有数据寻求令泛函最小的密度函数。

2.2.4 多目标规划

多目标规划是运筹学的一个重要分支理论，它是解决多目标决策问题的一种有效的数学方法。多目标规划最早由美国数学家 Charles 和 Cooper 于 1961 年提出。任何一个多目标规划都会由两个基本部分组成：①两个以上的目标函数；②若干约束条件。多目标规划的一般形式为：

$$Z = F(X) = \begin{bmatrix} \max(\min) f_1(X) \\ \max(\min) f_2(X) \\ \vdots \\ \max(\min) f_k(X) \end{bmatrix} \tag{2-6}$$

$$\text{s.t.} \quad \Phi(X) = \begin{bmatrix} \varphi_1(X) \\ \varphi_2(X) \\ \vdots \\ \varphi_k(X) \end{bmatrix} \leq B = \begin{bmatrix} b_1 \\ b_2 \\ \vdots \\ b_k \end{bmatrix} \tag{2-7}$$

其中，$X = [x_1, x_2, \cdots, x_n]^T$ 为决策变量。当多目标规划中的目标函数存在冲突时，无法求得使所有目标函数同时满足的最优解，因此，只能寻求帕累托解。

一般的线性规划方法无法求解多目标规划模型。学者们提出了很多求解多目标规划的方法。这些方法中，大多是基于加权系数法、优先等级法和有效解法的基本思想。

（1）加权系数法。该方法的基本思想是在多个目标之间寻求一种统一衡量的标准。对每个目标赋予一个加权系数，将多目标规划模型转变为单目标规划模型。该方法的优点在于可以求解相对简单，但是加权系数的取值难以确定。

（2）优先等级法。该方法是按照目标的重要程度划分优先级，然后按照优先等级的次序分别进行求解。该方法实质上也是将多目标规划转变为单目标规划，如果上一级的目标无法实现，则下一级目标也不会满足。

（3）有效解法。该方法是找出可行域中的全部有效解，将它们提供给决策者，让他们来进行决策。但在实际问题中，要寻求所有的有效解几乎不可能，因此该方法的实际应用较少。

2.3 城市生活垃圾资源化处置的模式分析

城市生活垃圾资源化处置是将城市生活垃圾看作资源，基于循环经济和可持续发展理论，将生活垃圾转化为资源二次利用的处置模式。城市生活垃圾可持续处置模式应首先注重垃圾的减量化，其次是垃圾的再利用，最后是垃圾的再循环，如图 2-6 所示。

由图 2-6 可知，发展中国家和发达国家的生活垃圾可持续发展处置目标不同。发展中国家的垃圾处置重心主要放在生活垃圾的最终处置上，而发达国家则放在如何实现"零垃圾"上。

城镇居民通过消费会产生生活垃圾。废旧金属、塑料、纸张、玻璃等生活垃圾中的一部分会由居民自己二次利用，从而减少生活垃圾的产生量，即垃圾减量化。这是初级生活垃圾资源化处置模式，居民将可以二次利用的生活垃圾直接利用，自己完成垃圾循环，如图 2-7 所示。

2.3 城市生活垃圾资源化处置的模式分析

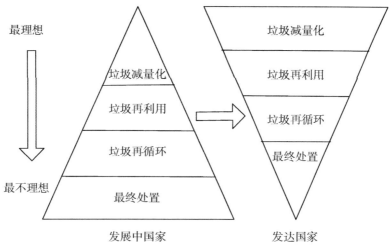

图 2-6 生活垃圾可持续发展处置模式

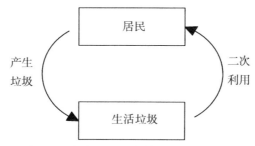

图 2-7 初级生活垃圾资源化处置模式

剩下的生活垃圾中，一部分(如废旧金属、纸张、玻璃、塑料等)被居民卖给废品回收站，还有一部分在垃圾收运过程中被拾荒者捡走，卖给废品回收站。废品回收站再将回收的垃圾卖给企业作为生产资源进行生产，实现生活垃圾再利用。这属于中级生活垃圾资源化处置模式，由居民、拾荒者、垃圾回收站、生产企业共同完成垃圾循环，如图 2-8 所示。

生活垃圾经过回收后，剩余生活垃圾通过生活垃圾处置系统进行处置。城市生活垃圾的处置方式主要有垃圾卫生填埋、垃圾堆肥、垃圾焚烧发电以及水泥窑协同处置生活垃圾这四种方式。其中垃圾堆肥、垃圾焚烧发电以及水泥窑协同处置三种生活垃圾处置方式分别将垃圾转化为肥料、电能以及 RDF 这些生产资源，提供给企业进行生产。企业生产的产品再提供给居民使用，实现生活垃圾的再循环过程。这种处置模式属于高级生活垃圾资源化处置模式。该模式由居民、垃圾中转站、垃圾处置厂、企业等主体共同完成，如图 2-9 所示。

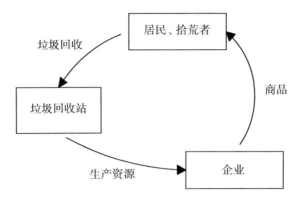

图 2-8 中级生活垃圾资源化处置模式

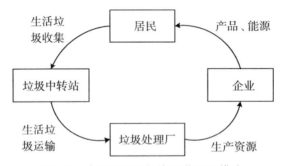

图 2-9 高级生活垃圾资源化处置模式

生活垃圾在处置过程中会产生一定的衍生物,这些衍生物也需要经过合理处置来减少对环境的污染。这是城市生活垃圾及其衍生物资源化处置模式,由居民、垃圾中转站、垃圾处置厂、衍生物处置厂、生产企业等主体共同完成,如图 2-10 所示。

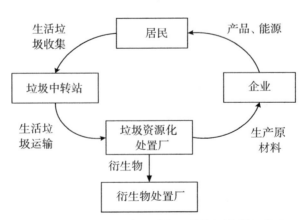

图 2-10 城市生活垃圾及其衍生物资源化处置模式

2.4 城市生活垃圾资源化处置的过程

目前我国很多城市已实行生活垃圾分类。因此，生活垃圾分类处置成为今后生活垃圾资源化处置的主流趋势。生活垃圾分类处置模式由居民、垃圾中转站、生活垃圾分类处置厂、衍生物处置厂、生产企业等主体共同完成，如图2-11所示。

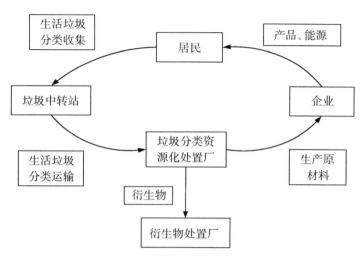

图2-11 城市生活垃圾分类资源化处置模式

2.4 城市生活垃圾资源化处置的过程

根据上述处置模式，将城市生活垃圾资源化处置的过程分为四个阶段：生活垃圾产生阶段，生活垃圾收运阶段，生活垃圾资源化处置阶段，垃圾衍生物处置阶段[①]，如图2-11所示。

在生活垃圾产生阶段，居民通过消费产生生活垃圾。根据我国住建部公布的生活垃圾分类标准[②]，居民生活垃圾可分为五大类：①可回收物，主要包括：废纸，废塑料，废金属，废玻璃，废包装物，废旧纺织物，废弃电器电子产品，废纸塑铝复合包装等。②有害垃圾，是指生活垃圾中的有毒有害物质，主要包括：废电池（镉镍电池、氧化汞电池、铅蓄电池等），废荧光灯管（日光灯管、节能灯等），废温度计，废血压计，废药品及其包装

---

① 代峰，戴伟. 基于系统动力学的城市生活垃圾发电进化博弈[J]. 工业工程，2017(1)：1-11.
② 中华人民共和国住房和城乡建设部标准定额司. 住房和城乡建设部标准定额司关于征求产品国家标准《生活垃圾分类标志（征求意见稿）》意见的函[EB/OL]. http://www.mohurd.gov.cn/zqyj/201801/t20180131_234998.html，2018-1-30.

物，废油漆、溶剂及其包装物，废杀虫剂、消毒剂及其包装物，废胶片及废相纸等。③易腐垃圾，主要包括：餐厨垃圾，厨余垃圾，农贸市场、农产品批发市场产生的蔬菜瓜果垃圾、腐肉、肉碎骨、蛋壳、畜禽产品内脏等。④湿垃圾，即厨余垃圾。居民家庭日常生活过程中产生的菜帮、菜叶、瓜果皮壳、剩菜剩饭、废弃食物等易腐性垃圾。⑤干垃圾，即其他垃圾。由个人在单位和家庭日常生活中产生，除有害垃圾、可回收物、厨余垃圾（或餐厨垃圾）等的生活废弃物。本书主要研究对象为由居民日常生活产生的干垃圾、湿垃圾和易腐垃圾。由于我国还未全面实现垃圾的分类处置，因此，本书仍采用我国当前的处置技术进行研究。

在生活垃圾收运阶段，可回收垃圾通过垃圾回收站进行回收，直接进行循环利用，有害垃圾则通过危废处置厂进行处置。剩余的生活垃圾在垃圾收集点集中，由环保部门统一收运至生活垃圾中转站。在生活垃圾中转站，经过简单的压实、脱水等处置后，部分可回收垃圾被分离出来进行回收，剩余的垃圾则由生活垃圾中转站运至各个生活垃圾处置厂进行处置。

在生活垃圾资源化处置阶段，我国目前主要有垃圾衍生燃料制备、垃圾焚烧发电以及垃圾堆肥三种资源化处置技术。生活垃圾经过三种技术处置后，分别转化为衍生燃料、电能以及肥料。电能和肥料可供企业进行生产。企业生产的产品再供居民消费，实现循环经济。由于垃圾堆肥的处置周期较长，我国采用该技术的城市较少，因此，本书不考虑垃圾堆肥处置技术，在图2-11中用虚线箭头表示。

在垃圾衍生物处置阶段，生活垃圾经过资源化处置后会产生垃圾衍生物（垃圾衍生燃料和垃圾焚烧残留物）。衍生燃料既可以在市场上进行销售，也可以运到水泥厂作为化石燃料替代能源进行生产。垃圾焚烧残留物（主要成分是飞灰）。飞灰的处置方式主要有两种：①固化填埋；②水洗并通过水泥窑协同处置。第一种处置方式的成本较低，但会占用土地资源，并且对环境有一定的影响，第二种处置方式的处置成本较高，不会占用土地资源，而且环境污染较小。

城市生活垃圾资源化处置过程的优化配置研究由垃圾收集点开始，到垃圾衍生物处置结束，如图2-12中虚线框部分所示。研究的生活垃圾类型包括干垃圾、湿垃圾和易腐垃圾。其中干垃圾和湿垃圾可以直接进入垃圾焚烧发电厂或RDF制备厂进行处置，易腐垃圾在经过脱水后，也可通过资源化处置厂进行处置。城市生活垃圾资源化处置过程的优化配置研究涉及四个主体、三次配置。四个主体分别是垃圾收集点、生活垃圾中转站、生活垃圾处置厂以及垃圾衍生物处置厂。三次配置分别是生活垃圾由垃圾收集点到生活垃圾中转站的第一次配置，由生活垃圾中转站到生活垃圾处置厂的第二次配置以及垃圾衍生物在各个垃圾衍生物处置厂之间的第三次配置。

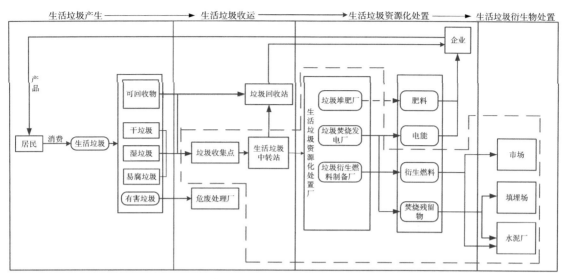

图 2-12　城市生活垃圾资源化处置过程流程示意图

本 章 小 结

本章首先对城市生活垃圾的定义、成分以及资源化处置技术进行概述。然后阐述城市生活垃圾资源化处置的理论基础，再将相关理论同城市生活垃圾资源化处置的特点相结合，分析城市生活垃圾资源化处置的各种模式。最后结合我国实际情况，提出城市生活垃圾资源化处置过程的涵盖范围以及需要研究的优配过程和优配方案。

第3章 基于 FIG-GA-SVR 的城市生活垃圾产生量分布预测模型

城市生活垃圾产生量的分布预测是城市生活垃圾资源化处置过程优化配置的重要前提。由于生活垃圾产生量数据的不完备性以及生活垃圾产生过程中的不确定性①，对生活垃圾产生量进行区间预测比确定值预测更为合理。由于城市生活垃圾产生量分布数据是作为城市生活垃圾资源化处置过程的第二阶段(垃圾收运阶段)的输入端数据，所以，预测城市生活垃圾在各个垃圾收集点的产生量分布数据比整个城市的城市生活垃圾产生量的总量预测更为合理。因此，本章将模糊信息粒化同遗传算法优化的支持向量回归预测模型结合，构建 FIG-GA-SVR 城市生活垃圾产生量分布预测模型。

3.1 支持向量回归模型

支持向量回归模型(Support vector regression，SVR)是由 Vapnik 于 20 世纪 60 年代提出。该模型是通过训练集来构造回归模型，并用该回归模型预测输出值。假定训练集为 $D = \{(x_i, y_i)\}_{i=1}^{N}$，其中 $x_i \in X \subseteq R$ 表示投入向量，$y_i \in Y \subseteq R$ 表示输出向量。SVR 模型可以表述为：

$$f(x, w) = \sum_{i=1}^{N} w_i \varphi_i(x_i) + b \tag{3-1}$$

其中 $\varphi_i(x_i)$ 表示映射函数，w 表示权值，b 表示偏移项。SVR 模型可以根据输入向量类型分为两类：线性回归和非线性回归。

对于线性回归，假定训练集为 $D = \{(x_i, y_i) | i = 1, 2, \cdots, N\}$，$x_i \in R^n$，$y_i \in R$，则线性回归函数为：

$$f(x) = w \cdot x + b \tag{3-2}$$

---

① Hu C, Liu X, Lu J. A bi-objective two-stage robust location model for waste-to-energy facilities under uncertainty[J]. Decision Support Systems, 2017(99): 37-50.

假定函数 $f(x)$ 能在不敏感损失系数 ε 下估计所有的训练集 D，则(3-2)式可优化为：

$$\min \frac{1}{2} \|w\|^2 \tag{3-3}$$

$$\text{s.t.} \quad y_i - w \cdot x_i - b \leq \varepsilon \tag{3-4}$$

$$w \cdot x_i + b - y_i \leq \varepsilon \tag{3-5}$$

为了处理 $f(x)$ 在 ε 下不能估计的样本变量，引入松弛变量 ξ_i 和 ξ_i^*，则上述问题可以转化为：

$$\min \frac{1}{2} \|w\|^2 + C \sum_{i=1}^{N} (\xi_i + \xi_i^*) \tag{3-6}$$

$$\text{s.t.} \quad y_i - w \cdot x_i - b_i \leq \varepsilon + \xi_i \tag{3-7}$$

$$w \cdot x_i + b - y_i \leq \varepsilon + \xi_i^* \tag{3-8}$$

$$\xi_i, \xi_i^* \geq 0, \quad i = 1, 2, \cdots, N \tag{3-9}$$

其中，C 为惩罚因子。

引入拉格朗日乘子 α_i 和 α_i^*，构建拉格朗日方程为：

$$\begin{aligned} L = & \frac{1}{2} \|w\|^2 + C \sum_{i=1}^{N} (\xi_i + \xi_i^*) - \sum_{i=1}^{N} \alpha_i (\varepsilon + \xi_i - y_i + w \cdot x_i + b) \\ & - \sum_{i=1}^{N} \alpha_i^* (\varepsilon + \xi_i^* + y_i - w \cdot x_i - b) - \sum_{i=1}^{N} (\gamma_i \xi_i + \gamma_i^* \xi_i^*) \end{aligned} \tag{3-10}$$

根据 KKT(Karush-Kuhn-Tucker) 条件，可得(3-10)式的对偶问题为：

$$\max W = \sum_{i=1}^{N} y_i (\alpha_i - \alpha_i^*) - \varepsilon \sum_{i=1}^{N} (\alpha_i + \alpha_i^*) - \frac{1}{2} \sum_{i=1}^{N} \sum_{j=1}^{N} (\alpha_i - \alpha_i^*)(\alpha_j - \alpha_j^*) x_i x_j \tag{3-11}$$

$$\text{s.t.} \quad \sum_{i=1}^{N} (\alpha_i - \alpha_i^*) = 0 \tag{3-12}$$

$$0 \leq \alpha_i, \alpha_i^* \leq C, \quad i = 1, 2, \cdots, l \tag{3-13}$$

对上述问题进行求解可得 SVR 线性回归模型：

$$f(x) = \sum_{i=1}^{N} (\alpha_i - \alpha_i^*) x_i \cdot x + b \tag{3-14}$$

对于非线性回归问题，通过映射函数 $\Phi(x)$ 将输入向量映射到高维空间，再进行线性回归。因此，(3-1)式转化为二次凸规划问题：

$$\min \frac{1}{2} \|w\|^2 + C \sum_{i=1}^{N} (\xi_i + \xi_i^*) \tag{3-15}$$

$$\text{s.t.} \quad y_i - w \cdot \Phi(x_i) - b \leq \varepsilon + \xi_i \tag{3-16}$$

$$w \cdot \Phi(x_i) + b - y_i \leq \varepsilon + \xi_i^* \tag{3-17}$$

$$\xi_i, \xi_i^* \geq 0, \quad i = 1, 2, \cdots, N \tag{3-18}$$

根据 KKT 条件,得到(3-15)式的对偶问题为:

$$\max W = \sum_{i=1}^{N} y_i(\alpha_i - \alpha_i^*) - \varepsilon \sum_{i=1}^{N} (\alpha_i + \alpha_i^*) - \frac{1}{2} \sum_{i=1}^{N} \sum_{j=1}^{N} (\alpha_i - \alpha_i^*)(\alpha_j - \alpha_j^*) k(x_i, x_j) \tag{3-19}$$

$$\text{s.t.} \quad \sum_{i=1}^{N} (\alpha_i - \alpha_i^*) = 0 \tag{3-20}$$

$$0 \leq \alpha_i, \alpha_i^* \leq C, \quad i = 1, 2, \cdots, N \tag{3-21}$$

其中,$k(x_i, x_j) = \Phi(x_i)^T \Phi(x_j)$ 为核函数,表 3-1 列出了常用的核函数。同理可得 SVR 非线性回归模型:

$$f(x) = \sum_{i=1}^{N} (\alpha_i - \alpha_i^*) k(x_i, x) + b \tag{3-22}$$

表 3-1　　　　　　　　　　　常用的核函数

名称	表达式	参数
线性核函数	$k(x_i, x_j) = x_i x_j$	
多项式核函数	$k(x_i, x_j) = (x_i^T x_j)^d$	$d \geq 1$ 为多项式次数
高斯核函数	$k(x_i, x_j) = \exp\left(-\dfrac{\|x_i - x_j\|^2}{2\sigma^2}\right)$	$\sigma \geq 0$ 为高斯核函数的带宽
拉普拉斯核函数	$k(x_i, x_j) = \exp\left(-\dfrac{\|x_i - x_j\|^2}{\sigma^2}\right)$	$\sigma \geq 0$

3.2 GA-SVR 预测模型

智能优化算法因其解决优化问题的鲁棒性以及适用性,常常被学者们用来对 SVR 模型进行参数寻优。智能优化算法的优点在于寻求全局最优,适用性强,且具有较强的理论基础。常用的智能优化算法有遗传算法(Genetic Algorithm,GA)、粒子群算法(Particle Swarm Optimization,PSO)、模拟退火算法(Simulated Annealing,SA)等。这些智能优化算法都是先随机选一组解,然后根据一定的寻优规则以某一概率搜寻最优解。因此,智能优化算法为 SVR 的参数寻优提供了更加有效的解决方法。[①] 遗传算法作为智能优化算法的一

[①] 吕琳君. 智能优化算法在集成电路设计中的应用研究[D]. 南京邮电大学, 2013.

种，被广泛应用于很多领域，并且多次被用来对 SVR 进行参数寻优，如对旅客流量预测①、房价预测②、电力负荷预测③等。事实证明，遗传算法是 SVR 参数寻优的一种有效方法。

（1）遗传算法基本原理

遗传算法是由 J. Holland 教授于 1975 年提出，该算法是根据达尔文生物进化论中的生物进化过程而推导出来的计算模型。遗传算法以染色体表示问题的可行解，首先形成初始种群，然后依据目标函数确定适应度函数，再依据适应度函数对选择的个体进行交叉和变异。通过反复迭代，求得问题的最优解。计算流程如图 3-1 所示。

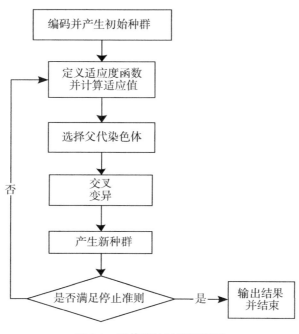

图 3-1 遗传算法计算流程图

遗传算法计算步骤如下：

步骤 1：对实际问题编码并产生初始种群。

步骤 2：定义适应度函数并计算适应值。

---

① Chen K Y, Wang C H. Support vector regression with genetic algorithms in forecasting tourism demand [J]. Tourism Management, 2007, 28(1): 215-226.

② Gu J, Zhu M, Jiang L. Housing price forecasting based on genetic algorithm and support vector machine [J]. Expert Systems with Applications, 2011, 38(4): 3383-3386.

③ Chen K Y. Forecasting systems reliability based on support vector regression with genetic algorithms[J]. Reliability Engineering & System Safety, 2007, 92(4): 423-432.

步骤3：选择父代染色体进行交叉配对，并遗传到下一代。

步骤4：根据交叉和变异计算，产生新种群。

步骤5：如果满足停止准则，则输出结果并结束；否则重复步骤2。

（2）GA-SVR参数寻优

在随机初始化种群时，SVR的参数组合用二进制代码的父染色体表示，由于有三个参数，因此每个染色体有三个基因。如图3-2所示。

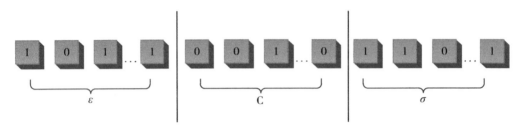

图3-2　SVR模型中三个参数二进制编码染色体

在确定适应度函数以及适应值后，按照轮盘赌方法选取初始种群中的两个父染色体，按照一定的交叉概率P_c进行交叉，产生新的个体，具体过程如图3-3所示。在变异阶段，选取的染色体以一定的变异概率P_m改变二进制编码的值，形成新的个体，以增强算法的局部搜索能力，避免陷入局部最优，同时也保证种群的多样性。在交叉和变异的共同作用下，实现全局和局部搜索，在多次迭代后，求得SVR参数组合的最优解。由于本书染色体采用实数编码，因此选择单点交叉，P_c的取值在[0.4,0.99]之间，为了防止搜索时过早收敛，P_m取值在[0.0001,0.1]之间。①

GA-SVR预测模型的计算步骤如下：

步骤1：数据准备。将研究数据归一化后分为训练集和测试集。

步骤2：初始化种群。初始化SVR参数组合，采取实数编码的方式，定义染色体$X = (\varepsilon, C, \sigma)$。

步骤3：适应值评估。将初始化参数组合代入SVR训练模型，用训练集对其进行训练。

步骤4：选择染色体。通过轮盘赌的方法选取M个（M为偶数）染色体并计算其适应值。

步骤5：交叉。染色体随机配对，组成新种群。

步骤6：变异。交叉后产生新种群中的染色体再以一定概率进行变异。

步骤7：优化策略。计算新种群染色体的适应值，如果存在新种群中染色体的最小适

---

① 段青玲，张磊，魏芳芳等．基于时间序列GA-SVR的水产品价格预测模型及验证[J]．农业工程学报，2017，33(1)：308-314．

3.2 GA-SVR 预测模型

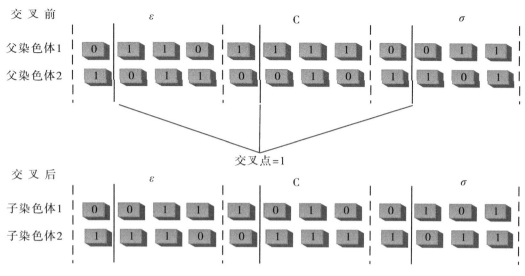

图 3-3 染色体交叉示意图

应值比旧种群的小，则替换原有染色体。

步骤 8：停止准则。当迭代次数达到最大值，停止迭代，输出最优参数组合。

计算流程如图 3-4 所示。

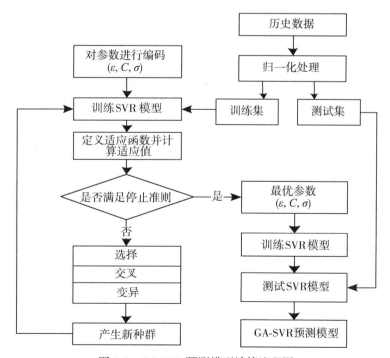

图 3-4 GA-SVR 预测模型计算流程图

3.3 模糊信息粒化

信息粒化最早是由 Zadeh 教授提出①，他认为信息粒是元素的集合，这些元素具有不可区分性、相似性的特点。信息粒化是将很多复杂信息按照一定的特性分为若干个部分，每个部分就是一个信息粒。信息粒化的模型主要有基于粗糙集理论的模型、基于模糊集理论的模型以及基于熵空间理论的模型三种。其中，模糊信息粒化是基于模糊集理论的模型。该模型对具有时间序列特性的数据进行模糊信息粒化，本书采用 Pedrycz 粒化方法，具体分为两个步骤：①划分时间窗口；②信息模糊化。划分时间窗口是将整个样本根据一定的需要划分为若干小的操作窗口，信息模糊化则是采用模糊隶属函数对每个窗口信息进行模糊化，构成模糊信息粒。首先在样本序列 X 上建立一个模糊粒子 P，用于合理描述 X 的模糊概念 G（以 X 为论域的模糊集合）。②

$$P \triangleq x \text{ 是 } G \tag{3-23}$$

模糊粒子形式有三角形、梯形、高斯型、抛物型等。其中三角形模糊粒子采用最为广泛，其隶属函数为：

$$A(x, a, m, b) = \begin{cases} 0 & x < a \\ \dfrac{x-a}{m-a} & a \leq x \leq m \\ \dfrac{b-x}{b-m} & m < x \leq b \\ 0 & x > b \end{cases} \tag{3-24}$$

其中，x 为样本变量，a，m，b 均为参数，分别表示每个窗口模糊粒化后的 Low、R、Up 值，即每个窗口的最小值、平均值、最大值。

3.4 基于 FIG-GA-SVR 的人均城市生活垃圾产生量预测模型

由于模糊信息粒化在粒子信息处理中具有优势，本书构建 FIG-GA-SVR 预测模型，对

---

① Zadeh L A. Toward a theory of fuzzy information granulation and its centrality in human reasoning and fuzzy logic[J]. Fuzzy Sets & Systems, 1997, 90(90): 111-127.
② 董春娇，邵春福，谢坤，等. 道路网交通流状态变化趋势判别方法[J]. 同济大学学报（自然科学版），2012, 40(9): 1323-1328.

3.4 基于 FIG-GA-SVR 的人均城市生活垃圾产生量预测模型

人均城市生活垃圾产生量进行预测。模型构建流程如图 3-5 所示，具体步骤如下：

步骤 1：构建 GA-SVR 模型，具体过程见 3.2 小节。

步骤 2：提取解释变量数据并进行模糊信息粒化处理并确定时间窗口的大小。

步骤 3：分别对解释变量的最小值（Low）、平均值（R）、最大值（Up）进行归一化处理。

步骤 4：运用 GA-SVR 预测模型对下一期解释变量的 Low、R、Up 值分别进行预测。

步骤 5：将下一期解释变量代入 GA-SVR 预测模型，滚动预测下一期人均生活垃圾产生量。

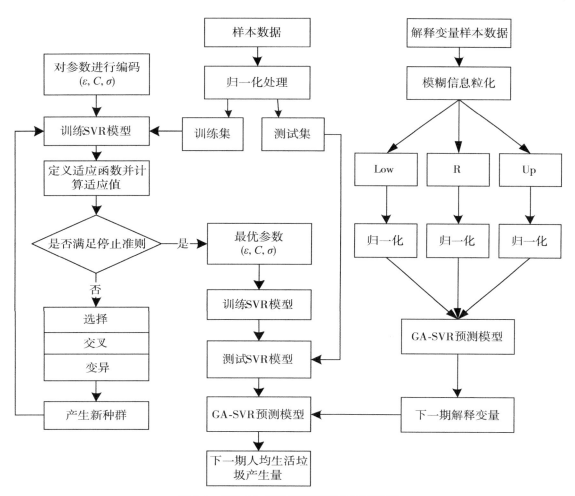

图 3-5 FIG-GA-SVR 预测模型计算流程图

3.5 城市生活垃圾产生量分布预测模型的构建

3.5.1 基于 ARIMA 的人口增长率预测模型

人口增长率数据属于时间序列数据，通常可以采用自回归的方法进行预测。对于平稳的时间序列数据，通常可以采用自回归移动平均(Auto Regressive Moving Average，ARMA)、自回归(Auto Regressive，AR)以及移动平均(Moving Average，MA)模型。但是，在实际预测中，观测数据往往都是非平稳的，需要对该观测数据进行差分运算，因此会用到 ARIMA 模型。

ARIMA 模型全称为综合自回归移动平均模型(Auto Regressive Integrated Moving Average，ARIMA)，记为 ARIMA(p, d, q)模型，是由 Box 和 Jenkins 在 20 世纪 70 年代提出。其中 AR 是自回归，p 表示自回归阶数；MA 表示移动平均，q 表示移动平均阶数；d 表示使得观测数据称为平稳时间序列的差分次数。因此，ARIMA(p, d, q)模型实质上是 ARMA(p, q)模型进行 d 次差分后的模型。

(1) ARMA 过程

假定 $\{x_t\}$ 表示平稳数列，$\{a_t\}$ 表示白噪声，如果该数列满足

$$x_t - \varphi_1 x_{t-1} - \varphi_2 x_{t-2} - \cdots - \varphi_p x_{t-p} = a_t - \theta_1 a_{t-1} - \theta_2 a_{t-2} - \cdots - \theta_q a_{t-q} \quad (3\text{-}25)$$

则该数列为 p 阶自回归 q 阶移动平均的 ARMA 模型，记为 ARMA(p, q)。其中，x_{t-p} 表示 t 时刻滞后 p 个时间的数值，$\{x_t\}$ 称为 ARMA(p, q)数列，非负整数 p 和 q 分别表示自回归阶数和移动平均阶数，参数 $\varphi_1, \varphi_2, \cdots, \varphi_p$ 表示自回归系数，$\theta_1, \theta_2, \cdots, \theta_q$ 表示移动平均系数。

当 $p=0$ 时，则为 ARMA(0, q)模型，即

$$x_t = a_t - \theta_1 a_{t-1} - \theta_2 a_{t-2} - \cdots - \theta_q a_{t-q} \quad (3\text{-}26)$$

此时，该模型为 q 阶滑动平均模型，记为 MA(q)。

当 $q=0$ 时，则为 ARMA(0, q)模型，即

$$x_t - \varphi_1 x_{t-1} - \varphi_2 x_{t-2} - \cdots - \varphi_p x_{t-p} = a_t \quad (3\text{-}27)$$

则该模型称为 p 阶自回归模型，记为 AR(p)。

引入延迟算子 B，令 $B^k x_t = x_{t-k}$，$B^k a_t = a_{t-k}$，$B^k c = c$（c 为常数），且

$$\varphi(B) = 1 - \varphi_1 B - \varphi_2 B^2 - \cdots - \varphi_p B^p \quad (3\text{-}28)$$

$$\theta(B) = 1 - \theta_1 B - \theta_2 B^2 - \cdots - \theta_q B^q \quad (3\text{-}29)$$

此时，ARMA(p, q)模型可以表示为 $\varphi(B) x_t = \theta(B) a_t$。

3.5 城市生活垃圾产生量分布预测模型的构建

（2）ARMA 模型的识别

假定 $\{x_t\}$ 的自相关函数为 ACF，偏自相关函数为 PACF。根据 Box-Jenkins 的方法，用样板的 ACF 函数以及 PACF 函数的截尾性来判定 ARMA 模型中的 p 和 q 的阶数。具体方法如表 3-2 所示。

表 3-2　　　　　　　　　　　**ARMA 模型阶数的识别方法**

模型	ACF	PACF
AR(p)	拖尾	p 阶截尾
MA(q)	q 阶截尾	拖尾
ARMA(p, q)	拖尾	拖尾

（3）ARIMA 过程

假定一阶差分算子 Δ 为 $\Delta z_t = z_t - z_{t-1}$，则差分算子 Δ 和延迟算子 B 满足 $\Delta^d = (1-B)^d$，d 为差分的阶数，a_t 为白噪声。如果 $\{z_t\}$ 为非平稳时间数列，$\{x_t\}$ 为时间序列数列，如果存在正整数 d，满足 $x_t = \Delta^d z_t$，$t > d$，则 ARIMA(p, d, q) 模型为

$$\sum_{i=1}^{p} \varphi_i(B) \Delta^d z_t = \sum_{m=1}^{q} \theta_m(B) a_t \tag{3-30}$$

ARIMA 模型计算分为 3 个步骤，即模型识别、参数估计和检验、预测应用。

根据上述 ARIMA 模型的计算方法，首先对各个研究区域的人口数据进行 ARIMA 模型的识别，判断人口 ARIMA 模型中的 p，q，d 值，然后对人口数据进行预测，获得未来的人口数据，最后根据 FIG 确定的时间窗口，得出下一期各个区域人口增长率。

3.5.2 城市生活垃圾产生量分布预测模型

通过各个社区的人口数据、人均生活垃圾产生量预测值得到城市生活垃圾产生量分布预测数据，再运用 GIS 系统呈现城市生活垃圾分布情况，计算步骤如下：

步骤1：预测人均城市生活垃圾产生量，具体步骤参见 3.4 小节。

步骤2：根据各个区域人口增长率预测数据得出各个社区人口预测数据。

步骤3：根据人均垃圾产生量和人口预测数据得到城市生活垃圾分布预测数据。

步骤4：运用 ArcGIS 软件及克里金插值法呈现城市生活垃圾分布情况。

城市生活垃圾产生量分布预测计算流程如图 3-6 所示。[①]

[①] Dai Feng, Nie Gui-hua Chen Yi. The municipal solid waste generation distribution prediction system based on FIG-GA-SVR model[J]. J Mater Cycles Waste Manag, 2020(22): 1352-1369.

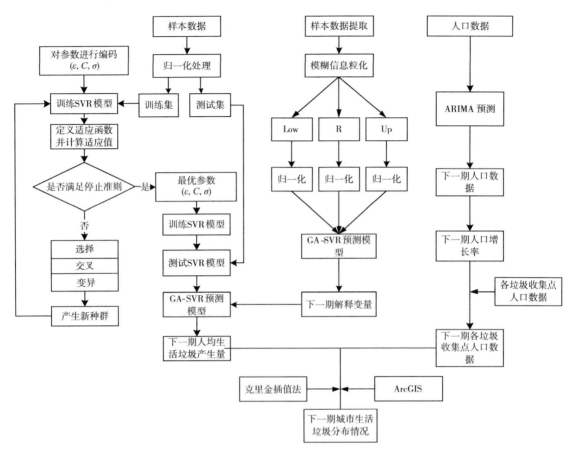

图 3-6 城市生活垃圾产生量分布预测计算流程图

本 章 小 结

城市生活垃圾产生量的分布预测是城市生活垃圾资源化处置过程优化配置的重要前提。由于生活垃圾产生量数据的不完备性以及生活垃圾产生过程中的不确定性,对生活垃圾产生量进行区间预测比确定值预测更为合理。由于城市生活垃圾产生量分布数据是作为城市生活垃圾资源化处置过程的第二阶段(垃圾收运阶段)的输入端数据,所以,预测城市生活垃圾在各个垃圾收集点的产生量分布数据比整个城市的城市生活垃圾产生量的总量预测更为合理。因此,本章将模糊信息粒化同遗传算法优化的支持向量回归预测模型结合,构建 FIG-GA-SVR 城市生活垃圾产生量分布预测模型。该模型首先将遗传算法同支持向量

本 章 小 结

回归预测模型结合构建 GA-SVR 模型,对人均生活垃圾产生量进行预测。再针对城市生活垃圾产生的不确定性,将 FIG 模型与 GA-SVR 模型相结合,构建 FIG-GA-SVR 模型对人均生活垃圾产生量进行区间预测。接着,应用 ARIMA 模型对研究区域的人口数据进行预测。然后,将 FIG-GA-SVR 模型预测的人均垃圾产生量与 ARIMA 模型所预测的研究区域内的人口数据相结合,得到城市生活垃圾的分布预测数据。最后,运用克里金插值法和 ArcGIS 软件将城市生活垃圾分布预测情况呈现出来。

第4章 城市生活垃圾中转站及垃圾处置厂两阶段选址模型

学者们在研究城市生活垃圾中转站及垃圾处置厂选址问题时,作为输入端的生活垃圾产生量数据大多以静态或确定性数据形式呈现。而本章是基于城市生活垃圾产生量动态分布数据来构建模型。在得到城市生活垃圾产生量分布预测数据后,则进入城市生活垃圾资源化处置过程的第二阶段(垃圾收运阶段),即城市生活垃圾由各个垃圾收集点到生活垃圾中转站的优化配置。当生活垃圾中转站的选址确定后,中转站所服务的垃圾收集点也随之确定。此时,也就完成了生活垃圾由各个垃圾收集点到生活垃圾中转站之间的优化配置。在进行优化配置过程中,需要确定生活垃圾中转站的选址以及设置规模。由于生活垃圾中转站和生活垃圾处置厂具有系统性和整体性,因此,在确定生活垃圾中转站的选址时,也要考虑生活垃圾处置厂的选址。本章将生活垃圾中转站及生活垃圾处置厂的选址问题同城市生活垃圾第一次优化配置结合,针对城市生活垃圾产生量的动态性特征,构建带有动态容量约束的城市生活垃圾中转站及垃圾处置厂两阶段选址模型对该问题进行求解。该模型既解决了生活垃圾中转站和生活垃圾处置厂的选址问题,也实现了生活垃圾由垃圾收集点到垃圾中转站的第一次优化配置。由于城市生活垃圾产生量的分布呈现出动态性的特征,因此,在第一阶段,首先构建带有动态容量约束的生活垃圾中转站选址模型确定生活垃圾中转站的选址、初始容量设置以及扩建决策。在第二阶段,再根据生活垃圾中转站的选址以及生活垃圾衍生物处置厂的位置确定生活垃圾处置厂的选址。

4.1 问题描述

在城市生活垃圾资源化处置过程中,生活垃圾在垃圾收集点集中后,垃圾收运车将其运输到生活垃圾中转站,经过简单的压缩压实后,再转运至垃圾处置厂进行资源化处置。整个环节由两个系统构成:生活垃圾收集系统和生活垃圾转运系统。

在生活垃圾收集系统中,政府作为中转站选址的主体,既要考虑各个垃圾收集点的垃圾得到及时收运，还要考虑生活垃圾中转站选址的总成本最优。在确定了生活垃圾中转站的选址后，其覆盖范围也同时确定，同时也完成了城市生活垃圾的第一次配置过程，即生活垃圾由垃圾收集点到生活垃圾中转站之间的优化配置。

在生活垃圾转运系统中，企业作为生活垃圾资源化处置厂的主体，需要考虑收运总成本最小。本章假设收运总成本仅考虑运输成本，则当运输成本一定时，只需考虑运输总距离最短。在生活垃圾转运系统包括两个转运过程：①生活垃圾中转站转运到生活垃圾处置厂；②生活垃圾处置厂转运到垃圾衍生物处置厂。因此，生活垃圾处置厂的选址目标是两个转运过程的总距离最短。生活垃圾中转站及生活垃圾处置厂两阶段选址问题的关系如图4-1所示。

由图4-1可知，在第一阶段，根据各个垃圾收集点的位置和垃圾产生量确定生活垃圾中转站的选址决策、容量设置以及扩建方案。第二阶段，依据第一阶段确定的生活垃圾中转站选址位置以及衍生物处置厂的位置决定生活垃圾处置厂的选址决策。

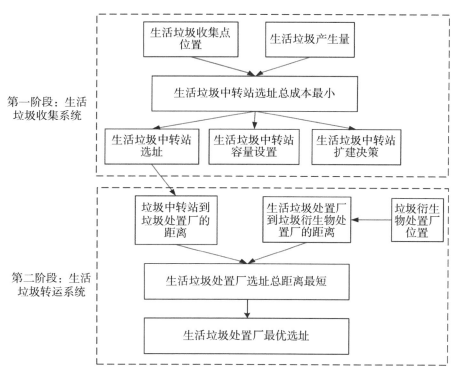

图4-1 生活垃圾中转站及生活垃圾处置厂两阶段选址关系图

4.2 模型的构建

由于城市生活垃圾产生量的分布呈现出动态性的特征，因此，本章首先构建带有动态容量约束的生活垃圾中转站选址模型确定生活垃圾中转站的选址、初始容量设置以及扩建决策，再根据生活垃圾中转站的选址位置以及生活垃圾衍生物处置厂的位置确定生活垃圾处置厂的选址。

4.2.1 问题假设与符号说明

本章所构建的两阶段选址模型，基于以下假设：

①存在一组备选地点供生活垃圾中转站选址所用，在确定生活垃圾中转站选址位置后，生活垃圾中转站的容量规模和服务半径也随之确定。

②存在一组备选地点供生活垃圾处置厂选址所用。

③在研究周期内，如果生活垃圾中转站接收的生活垃圾量超过其最大容量，则扩建容量，如果扩建容量已达最大规模，则新建生活垃圾中转站，否则不考虑扩建和新建生活垃圾中转站。

④如果垃圾收集点同时在多个生活垃圾中转站的服务半径内，则依据该垃圾收集点到生活垃圾中转站的最短欧氏距离来选择生活垃圾中转站并配置垃圾。

⑤生活垃圾中转站确定选址后，则会产生建设成本和运营成本，其中建设成本为固定成本，运营成本为变动成本。

⑥生活垃圾运输过程中，会产生运输成本，运输成本仅同运输距离有关。运输距离由两点之间的欧式距离同迂回系数的乘积决定。

⑦将各个居民区作为垃圾收集点，并在地图上看作一个点。

⑧不考虑通货膨胀因素。

本章构建模型所涉及的参数符号说明如下：

Φ：垃圾收集点集合，$i \in \Phi = \{1, 2, 3, \cdots, I\}$。

Ψ：生活垃圾中转站备选地点集合，$j \in \Psi = \{1, 2, 3, \cdots, J\}$。

Ω：生活垃圾处置厂备选地点集合，$m \in \Omega = \{1, 2, 3, \cdots, M\}$。

Γ：垃圾衍生物处置厂集合，$n \in \Gamma = \{1, 2, 3, \cdots, N\}$。

Λ：研究的时间周期集合，$t \in \Lambda = \{1, 2, 3, \cdots, T\}$。

n：一个时期内包含的年份数。

Θ：在备选地址 $j \in \Psi$ 新建生活垃圾中转站的容量选择集合 $k \in \Theta = \{1, 2, 3, \cdots,$

$K\}$。

Q_{jk}：在备选地址 $j \in \Psi$ 新建生活垃圾中转站容量选择 $k \in \Theta$ 的容量。

X_i：垃圾收集点 $i \in \Phi$ 的经度坐标。

Y_i：垃圾收集点 $i \in \Phi$ 的纬度坐标。

X_j：生活垃圾中转站备选地点 $j \in \Psi$ 的经度坐标。

Y_j：生活垃圾中转站备选地点 $j \in \Psi$ 的纬度坐标。

X_m：生活垃圾处置厂备选地点 $m \in \Omega$ 的经度坐标。

Y_m：生活垃圾处置厂备选地点 $m \in \Omega$ 的纬度坐标。

X_n：垃圾衍生物处置厂 $n \in \Gamma$ 的经度坐标。

Y_n：垃圾衍生物处置厂 $n \in \Gamma$ 的纬度坐标。

d_{ij}：从垃圾收集点 $i \in \Phi$ 运输到生活垃圾中转站备选地点 $j \in \Psi$ 的欧氏距离。

d_{jm}：从生活垃圾中转站备选地点 $j \in \Psi$ 运输到生活垃圾处置厂备选地点 $m \in \Omega$ 的欧氏距离。

d_{mn}：从生活垃圾处置厂备选地点 $m \in \Omega$ 运输到垃圾衍生物处置厂 $n \in \Gamma$ 的欧氏距离。

r_j：生活垃圾中转站 $j \in \Psi$ 的服务半径。

w：由欧式距离转化为运输距离的迂回系数。

FC_{jk}：在备选地址 $j \in \Psi$ 新建容量选择 $k \in \Theta$ 的生活垃圾中转站的建厂成本。

TC：生活垃圾的单位运输成本。

VC_{jk}^t：时期 $t \in \Lambda$ 在备选地址 $j \in \Psi$ 容量选择为 $k \in \Theta$ 的生活垃圾中转站的单位运营成本。

EC_{jk}：在备选地址 $j \in \Psi$ 容量选择为 $k \in \Theta$ 的生活垃圾中转站的单位扩建成本。

CE_{jk}^t：时期 $t \in \Lambda$ 在备选地址 $j \in \Psi$ 容量选择为 $k \in \Theta$ 的生活垃圾中转站的扩建规模，扩建规模为扩建后规模同扩建前规模之差。

x_{ij}^t：时期 $t \in T$ 由垃圾收集点 $i \in \Phi$ 运到备选地址 $j \in \Psi$ 的生活垃圾中转站的生活垃圾量。

α_{jk}^t：二元变量，时期 $t \in \Lambda$ 在备选地址 $j \in \Psi$ 新建容量为 $k \in \Theta$ 的生活垃圾中转站时为1，否则为0。

y_{jk}^t：二元变量，时期 $t \in \Lambda$ 在备选地址 $j \in \Psi$ 存在容量为 $k \in \Theta$ 的生活垃圾中转站时为1，否则为0。

z_m：二元变量，生活垃圾处置厂在备选地址 $m \in \Omega$ 设厂时为1，否则为0。

β_{jk}^t：二元变量，时期 $t \in \Lambda$ 在备选地址 $j \in \Psi$ 容量选择为 $k \in \Theta$ 的生活垃圾中转站扩建时为1，否则为0。

4.2.2 两阶段选址模型的构建

在第一阶段，对生活垃圾中转站进行选址，其选址目标为总成本最小。总成本包括建厂成本、运营成本、运输成本以及扩建成本。在第3章中，生活垃圾产生量的预测值以区间形式存在，为了保障其能够全部被收集，本章仅考虑各个垃圾收集点垃圾产生量的上限值。此外，第3章还对多个时期的垃圾产生量进行预测，因此本章构建的模型也将多时期的动态因素考虑在内。第一阶段模型构建如下：

$$\min f1 = n \times 2 \times 365 \times \sum_{i \in \Phi} \sum_{j \in \Psi} \sum_{k \in \Theta} \sum_{t \in \Lambda} TC_{ij} d_{ij} w y_{jk}^t + \sum_{j \in \Psi} \sum_{k \in \Theta} \sum_{t \in \Lambda} FC_{jk} \alpha_{jk}^t$$

$$+ \sum_{i \in \Phi} \sum_{j \in \Psi} \sum_{k \in \Theta} \sum_{t \in \Lambda} VC_{jk}^t x_{ij}^t y_{jk}^t + \sum_{j \in \Psi} \sum_{k \in \Theta} \sum_{t \in \Lambda} EC_{jk}^t CE_{jk}^t \beta_{jk}^t \quad (4-1)$$

$$\text{s.t.} \quad \sum_{i \in \Phi} \sum_{j \in \Psi} \sum_{k \in \Theta} \sum_{t \in \Lambda} x_{ij}^t \leq \sum_{j \in \Phi} \sum_{k \in \Theta} \sum_{t \in \Lambda} (Q_{jk} y_{jk}^t + \beta_{jk}^t CE_{jk}^t) \quad (4-2)$$

$$\sum_{i \in \Phi} \sum_{j \in \Psi} \sum_{k \in \Theta} \sum_{t \in \Lambda} x_{ij}^t = \sum_{i \in \Phi} \sum_{t \in \Lambda} W_i^t \quad (4-3)$$

$$\sum_{i \in \Phi} \sum_{j \in \Psi} \sum_{t \in \Lambda} d_{ij} y_{jk}^t \leq \sum_{j \in \Psi} \sum_{k \in \Theta} \sum_{t \in \Lambda} r_j y_{jk}^t \quad (4-4)$$

$$\sum_{k \in \Theta} \sum_{t \in \Lambda} y_{jk}^t \leq 1 \quad j \in \Psi \quad (4-5)$$

$$\sum_{j \in \Psi} \sum_{k \in \Theta} \sum_{t \in \Lambda} y_{jk}^t \geq 1 \quad (4-6)$$

$$y_{jk}^t \in \{0, 1\}, \alpha_{jk}^t \in \{0, 1\}, \beta_{jk}^t \in \{0, 1\} \quad (4-7)$$

$$x_{ij}^t \geq 0, \quad i \in \Phi, j \in \Psi, t \in \Lambda \quad (4-8)$$

目标函数(4-1)表示三个时期的中转站选址最小总成本，其中第一项表示三个时期的运输总成本。假定生活垃圾每天都要收集，收集路线由生活垃圾中转站出发到垃圾收集点，最后再回到生活垃圾中转站；第二项表示各个生活垃圾中转站的固定总成本，包括生活垃圾中转站的新建成本、人员的工资、设备的折旧等；第三项表示三个时期的生活垃圾中转站运营总成本；第四项表示生活垃圾中转站的扩建总成本。约束条件(4-2)为容量约束，表示生活垃圾中转站在各个时期接收的垃圾量应小于其初始容量同扩建容量之和。约束条件(4-3)为物料平衡约束，表示每个时期各个生活垃圾中转站接收的生活垃圾量总和应等于各个垃圾收集点的生活垃圾总和。约束条件(4-4)为服务约束，表示垃圾收集点到生活垃圾中转站的欧式距离应小于每个生活垃圾中转站的服务半径。约束条件(4-5)表示，每个备选地址上最多只能设立1个生活垃圾中转站，约束条件(4-6)表示至少有1个生活垃圾中转站被设置。约束条件(4-7)为二元变量约束，约束条件(4-8)为非负约束。

在第二阶段，确定了各个生活垃圾中转站的选址位置后，结合垃圾衍生物处置厂的位置，确定生活垃圾处置厂的选址方案。选址的目标是生活垃圾中转站到生活垃圾处置厂的距离同生活垃圾处置厂到垃圾衍生物处置厂的总距离最短。第二阶段模型构建如下：

$$\min f2 = \sum_{j \in \Psi} \sum_{k \in \Theta} \sum_{t \in \Lambda} \sum_{m \in \Omega} d_{jm} y_{jk}^t z_m + \sum_{m \in \Omega} \sum_{n \in \Gamma} d_{mn} z_m \tag{4-9}$$

$$\text{s.t.} \quad z_m \leqslant 1 \quad m \in \Omega \tag{4-10}$$

$$\sum_{m \in \Omega} z_m \geqslant 1 \tag{4-11}$$

$$z_m \in \{0, 1\} \tag{4-12}$$

目标函数(4-9)中第一项表示生活垃圾中转站到生活垃圾处置厂的距离，第二项表示生活垃圾处置厂到垃圾衍生物处置厂的距离。约束条件(4-10)表示在每个生活垃圾处置厂备选地址上最多只能建1座生活垃圾处置厂。约束条件(4-11)表示整个转运系统中至少要建1座生活垃圾处置厂。约束条件(4-12)表示二元变量约束。

4.3 模型的求解

本章通过构建两阶段规划模型对生活垃圾中转站及生活垃圾处置厂两阶段选址问题进行求解。在第一阶段，首先对生活垃圾中转站的选址进行求解，确定了生活垃圾中转站的选址后，在第二阶段，再对生活垃圾处置厂选址进行求解。

4.3.1 生活垃圾中转站选址模型求解

第一阶段中，构建的生活垃圾中转站选址模型包含了不同时期的选址和容量扩建决策，由于该选址问题属于 NP-hard 问题[1]，因此，该模型很难得到最优解。并且，本章构建的模型中还含有非线性部分，增加了模型的求解难度。一些学者通过研究，证明遗传算法在求解选址问题时，具有较好的效果。Atta 等人[2]提出基于遗传算法的生成树方法，对带容量约束的选址问题进行研究。Ardjmand 等人[3]提出遗传算法可以有效求得选址问题的最优解或近似最优解，因此，本章采用遗传算法进行求解。根据本章所构建的模型，遗传算法中的每个染色体应基于 $M \times N$ 的数组进行构建。其中，M 表示不同的时期数量，N 表示

---

[1] Krarup J, Pruzan PM. The simple plant location problem: survey and synthesis. European Journal of Operational Research 1983; 12: 36-81.

[2] Atta S, Mahapatra P R S, Mukhopadhyay A. Solving maximal covering location problem using genetic algorithm with local refinement[J]. Soft Computing, 2018, 22(12): 3891-3906.

[3] Ardjmand E, Young II W A, Weckman G R, et al. Applying genetic algorithm to a new bi-objective stochastic model for transportation, location, and allocation of hazardous materials[J]. Expert systems with applications, 2016, 51: 49-58.

同备选地址相关的决策变量的数量。决策变量包含生活垃圾中转站的选址变量、初始容量决策以及扩建决策。

(1) 染色体编码

应用遗传算法求解,需要先对染色体进行编码。假定仅考虑两个时期两个生活垃圾中转站的选址,本章的染色体编码方案如图4-2所示,每个方案(染色体)包含两个时期两个生活垃圾中转站的决策。因此,每个染色体用数组表示,其中行数代表时期数。每个生活垃圾中转站有三个基因:第一个基因表示是否设置生活垃圾中转站的决策变量;第二个基因表示生活垃圾中转站初始容量设置的决策变量;第三个基因表示是否扩建的决策变量。扩建决策可以通过不同时期第二个基因值的数据来判定,如果三个时期内的中转站容量没有变化,则后两个时期不扩建,否则选择扩建。扩建规模可通过相邻两个时期的容量相减得到。例如,在时期1中,1号生活垃圾中转站的建设规模为100吨。在时期2中,1号生活垃圾中转站的建设规模为200吨,则扩建规模为100吨(=200-100)。假定单位扩建成本为50万,则扩建成本为5000万(=100×50)。

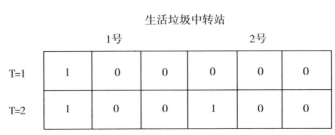

图4-2 染色体编码示例

(2) 遗传算子

遗传算法的遗传算子主要有四个:克隆算子、父代选择算子、交叉算子、变异算子和适应度函数。

克隆是将最优方案保留下来。在本章的算法中,克隆算子是将最优方案中的20%的染色体复制到一个新种群中。

父代选择是影响遗传算法搜索的重要过程。父代选择是依据某种选择方法从某个特定方案中选取两个父代。选择方法比较多,如轮盘选择、锦标赛选择、排名选择、精英选择、随机选择等。在本章中,采用轮盘赌选择方法,形成两组父代染色体,再从两组染色体中选出两个最好的染色体进行交叉计算。通过交叉计算,产生两个子代,并将其计入新的种群。

交叉是指通过结合父代染色体中的信息来产生新的子代,使得新的染色体具有父代染色体中优秀的部分。目前主要有单点交叉、多点交叉和均匀交叉三种交叉模式,本章采用多点交叉方法。由于生活垃圾中转站扩建决策时是基于垃圾中转站设置决策的，因此在初始阶段（$T=1$）时，仅从设置决策中随机选择交叉点。然后将两个父代的字符串进行交换产生两个子代字符串，具体步骤如图4-3所示。

在经过交叉重组后，一些子代可能会产生变异。变异是以较小的概率（通常为0~10%）将解中的每一位反向变动。其基本原理是提供少量的随机性，防止陷入局部最优解。变异的类型取决于染色体编码和交叉情况，在本章的遗传算法中，变异是首先随机选取一个时期的染色体中垃圾中转站设置决策变量的值，然后该值由0变异为1或从1变异为0。如果该值变异为0，则中转站扩建和扩建量的值也均为0，否则这两个值随机产生。因此，每一代中的多样性保障了获取全局解的可能性。

根据适应度函数，对染色体进行编码产生一个备选解以及相应的适应度值，适应度值用于衡量一个解的好坏。例如，原目标函数包括生活垃圾中转站的设置成本、生活垃圾中转站的运营成本、生活垃圾中转站的扩建成本以及运输成本。首先计算目标函数的成本；然后基于染色体中的变量集合，计算生活垃圾在各个生活垃圾中转站的最优配置情况下各个染色体的适应度值，从中选取最优适应度值。

(3) 遗传算法的计算步骤

在确定了合适的编码方式后，遗传算法的步骤如下。

步骤1：读取所需数据，根据种群大小生成初始种群，其中每个染色体为$M\times 3$纬度数组，表示M时期的生活垃圾中转站选址的3个决策变量值。在每个染色体中，首先随机决定是否设置每个时期内生活垃圾中转站，如果设置生活垃圾中转站，则对其设置容量规模和是否扩建两个决策变量进行随机赋值；如果不设置生活垃圾中转站，则这两个变量均为0。

步骤2：随机设置一个初始解，并评价种群中每个染色体的适应度函数。适应度函数为原优化问题的目标函数同惩罚函数的总和。目标函数通过染色体本身计算得出，而惩罚函数则通过检查垃圾配置是否超过生活垃圾中转站的容量限制而获得。

步骤3：通过重复克隆、父代选择、交叉和变异来创建新的种群，直到新种群完成。父代选择采用轮盘赌的方法，交叉采用多点交叉法，变异采用随机变异法。

步骤4：如果满足结束条件，停止迭代，否则，进入下一代。

4.3.2 城市生活垃圾处置厂选址模型求解

在第二阶段模型求解中，将第一阶段求得的生活垃圾中转站选址方案代入第二阶段的模型中，根据已知的垃圾衍生物处置厂的位置，应用枚举法对生活垃圾处置厂的选址方案进行求解。

第4章 城市生活垃圾中转站及垃圾处置厂两阶段选址模型

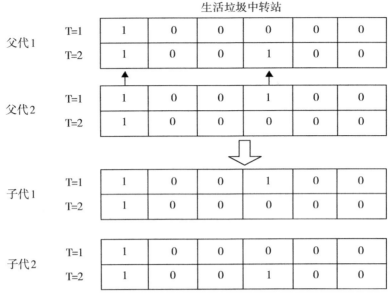

图 4-3 交叉步骤示意图

本 章 小 结

学者们在研究城市生活垃圾中转站及垃圾处置厂选址问题时,作为输入端的生活垃圾产生量数据大多以静态或确定性数据形式呈现。而本章基于城市生活垃圾产生量动态分布数据来构建模型。在得到城市生活垃圾产生量分布预测数据后,则进入城市生活垃圾资源化处置过程的第二阶段(垃圾收运阶段),即城市生活垃圾由各个垃圾收集点到生活垃圾中转站的优化配置。当生活垃圾中转站的选址位置确定后,中转站所服务的垃圾收集点也随之确定。此时,也就完成了生活垃圾由各个垃圾收集点到生活垃圾中转站之间的优化配置。在进行优化配置过程中,需要确定生活垃圾中转站的选址以及设置规模。由于生活垃圾中转站和生活垃圾处置厂具有系统性和整体性的特征,因此,在确定生活垃圾中转站的选址时,也要考虑生活垃圾处置厂的选址。本章将生活垃圾中转站及生活垃圾处置厂的选址问题同城市生活垃圾第一次优化配置结合,针对城市生活垃圾产生量的动态性特征,构建带有动态容量约束的城市生活垃圾中转站及垃圾处置厂两阶段选址模型两阶段选址模型对该问题进行求解。该模型既解决了生活垃圾中转站和生活垃圾处置厂的选址问题,也实现了生活垃圾由垃圾收集点到垃圾中转站的第一次优化配置。由于城市生活垃圾产生量的分布呈现出动态性的特征,因此,在第一阶段,首先构建带有动态容量约束的生活垃圾中转站选址模型确定生活垃圾中转站的选址、初始容量设置以及扩建决策。由于该问题属于NP-Hard问题，因此通过遗传算法求得近似最优解。在第二阶段，根据第一阶段中求得的生活垃圾中转站的选址方案，结合垃圾衍生物处置厂的位置，通过枚举法对生活垃圾处置厂的选址方案进行求解。

第5章 不确定性多目标城市生活垃圾两级优化配置模型

生活垃圾中转站及生活垃圾处置厂的选址位置确定后,需要对城市生活垃圾资源化处置过程的第三阶段(城市生活垃圾资源化处置)和第四阶段(垃圾衍生物处置)进行优化配置研究,即生活垃圾由垃圾中转站到各个垃圾处置厂间的优化配置以及垃圾衍生物由垃圾处置厂到各个衍生物处置厂之间的优化配置。大多数学者在研究城市生活垃圾优化配置问题时,主要研究城市生活垃圾的优化配置,忽视了生活垃圾在处置过程中所产生的垃圾衍生物的处置配置问题。实际上,垃圾处理过程中产生的垃圾衍生物也需要进行优化配置。因此,在研究城市生活垃圾在资源化处置过程中的优化配置问题时,应当对城市生活垃圾及其衍生物的优化配置同时进行研究。

在城市生活垃圾处置过程中,存在不确定性因素。如城市生活垃圾的产生量、生活垃圾焚烧发电的转化比例、生活垃圾衍生燃料(Refuse Derived Fuel, RDF)的转化比例、RDF对化石燃料的替代率、RDF在市场中的价格、垃圾焚烧转化飞灰的比例以及垃圾处置和衍生物处置过程中温室气体的排放量等。因此,可以将城市生活垃圾处置过程中的不确定性参数运用区间数和模糊数进行表述。在城市生活垃圾资源化处置过程中,既要考虑成本因素,也要考虑环境影响。综上所述,本章通过构建基于成本最低和环境影响最小的灰色模糊多目标城市生活垃圾两级优化配置模型,同时研究城市生活垃圾在各个垃圾处置厂以及垃圾衍生物在各个衍生物处置厂的两级优化配置问题。

5.1 不确定性多目标线性规划模型的理论基础

5.1.1 灰色模糊多目标线性规划模型

在多元决策分析中,确定性多目标规划模型通常用于同时确定多目标的最大或最小值,并按一定权重相加进行综合评价,同时还需满足约束条件。表达形式如下:

$$\min z = w_1 f_i + w_2 f_j \tag{5-1}$$

5.1 不确定性多目标线性规划模型的理论基础

$$\min f_i = C_i X \quad \forall i = 1, \cdots, m \tag{5-2}$$

$$\max f_j = C_j X \quad \forall j = m+1, \cdots, m+n \tag{5-3}$$

$$\text{s.t.} \quad A_k X \leqslant B_k \quad \forall k = 1, \cdots, p \tag{5-4}$$

$$A_g X \leqslant B_g \quad \forall g = p+1, \cdots, p+q \tag{5-5}$$

$$X \geqslant 0 \tag{5-6}$$

其中,f_i 和 f_j 分别表示两个不同目标的函数,w_1 和 w_2 分别表示各个目标的权重,A、B 和 C 表示变量的矩阵向量。

在城市生活垃圾资源化处置过程中,由于数据缺失,难以获取足够完整的信息,因而无法得到其概率分布函数。并且,随着时间、空间的变化,不确定性也使获得的数据存在较大误差,很多信息依赖于人们的主观判断。在这种情况下,应用模糊理论来表述城市生活垃圾配置模型的参数较为理想。① 因此,上述规划问题中的矩阵 A、B 和 C 等参数可运用模糊数的形式进行表述。模糊数的表述形式较多,有三角模糊数、梯形模糊数、半梯形模糊数等,本章采用三角模糊数的形式,对不确定性参数进行表述。

根据 Zimmermann 提出的模糊理论②,模糊系数的概率分布函数可以用模糊集合的形式进行表述,假设 $\tilde{\delta}$ 为三角模糊数,则存在一个三元组 $\tilde{\delta} = (a, \delta, b)$,如图 5-1 所示。

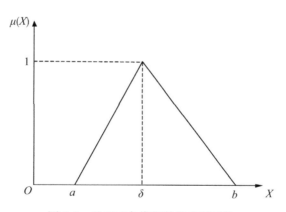

图 5-1 基于三角模糊数的隶属函数

图 5-1 中的三角模糊数的隶属函数如下:

---

① Wang Z, Ren J, Goodsite M E, et al. Waste-to-energy, municipal solid waste treatment, and best available technology: Comprehensive evaluation by an interval-valued fuzzy multi-criteria decision making method [J]. Journal of cleaner production, 2018, 172: 887-899.

② Zimmermann H J. Fuzzy Set Theory-and Its Applications [M]. Fuzzy set theory and its applications. Springer Science & Business Media, 2011.

$$\mu(x) = \begin{cases} 0, & x < a \ or \ x > b \\ (x-a)/(\delta-a), & a \leq x \leq \delta \\ (x-b)/(\delta-b), & \delta \leq x \leq b \end{cases} \quad (5-7)$$

其中，a 和 $b(a, b \geq 0$ 且 $a, b \in R)$ 分别表示三角模糊数的下界和上界。

本章的模糊数均采用三角模糊数的形式表述，则传统线性规划模型转化为模糊线性规划模型，表述形式如下：

$$\min z = w_1 f_i + w_2 f_j \quad (5-8)$$

$$\min f_i = \widetilde{C}_i X \quad \forall i = 1, \cdots, m \quad (5-9)$$

$$\max f_j = \widetilde{C}_j X \quad \forall j = m+1, \cdots, m+n \quad (5-10)$$

$$\text{s.t.} \ \widetilde{A}_k X \leq \widetilde{B}_k \quad \forall k = 1, \cdots, p \quad (5-11)$$

$$\widetilde{A}_g X \leq \widetilde{B}_g \quad \forall g = p+1, \cdots, p+q \quad (5-12)$$

$$X \geq 0 \quad (5-13)$$

本章采用期望值排序去模糊化。期望值排序表述如下：

定义1：设 $\tilde{\delta}$ 是一个模糊数，参数形式为 $\tilde{\delta} = (\underline{\delta}(\lambda), \bar{\delta}(\lambda))$，$\lambda \in [0, 1]$，则 $EI(\tilde{\delta})$ 和 $EV(\tilde{\delta})$ 分别表示 $\tilde{\delta}$ 的期望区间和期望值，表达式分别为：

$$EI(\tilde{\delta}) = [E_{\tilde{\delta}}^-, E_{\tilde{\delta}}^+] = \left[\frac{\int_0^1 \lambda \underline{\delta}(\lambda) d\lambda}{\int_0^1 \lambda d\lambda}, \frac{\int_0^1 \lambda \bar{\delta}(\lambda) d\lambda}{\int_0^1 \lambda d\lambda}\right] \quad (5-14)$$

$$EV(\tilde{\delta}) = \frac{E_{\tilde{\delta}}^- + E_{\tilde{\delta}}^+}{2} \quad (5-15)$$

其中，λ 表示模糊隶属度。

定理1：设 $\tilde{\delta} = (a, \delta, b)$，则 $E_a^- = \frac{1}{3}(a + 2\delta)$，$E_a^+ = \frac{1}{3}(2\delta + b)$，则有 $\tilde{\delta}$ 的期望值为 $EV(\tilde{\delta}) = \frac{1}{6}(a + 4\delta + b)$。

证明：令 $\tilde{\delta} = (\underline{\delta}(\lambda), \bar{\delta}(\lambda))$，$\lambda \in [0, 1]$，则有：

$$\underline{\delta}(\lambda) = a + \lambda(\delta - a) \quad (5-16)$$

$$\bar{\delta}(\lambda) = b - \lambda(b - \delta) \quad (5-17)$$

根据定义1，则有：

5.1 不确定性多目标线性规划模型的理论基础

$$E_{\tilde{\delta}}^{-} = \frac{\int_0^1 \lambda \underline{\delta}(\lambda) d\lambda}{\int_0^1 \lambda d\lambda} = 2\int_0^1 \lambda(a + \lambda(\delta - a))dr = \frac{1}{3}(a + 2\delta) \tag{5-18}$$

$$E_{\tilde{\delta}}^{+} = \frac{\int_0^1 \lambda \overline{\delta}(\lambda) d\lambda}{\int_0^1 \lambda d\lambda} = 2\int_0^1 \lambda(b - \lambda(b - \delta))dr = \frac{1}{3}(2\delta + b) \tag{5-19}$$

由(5-16)和(5-17)可得：

$$EV(\tilde{\delta}) = \frac{1}{6}(a + 4\delta + b) \tag{5-20}$$

根据期望值排序，原模糊多目标线性规划可以表述为：

$$\min z = w_1 \cdot f_i + w_2 \cdot f_j \tag{5-21}$$

$$\min f_i = \frac{1}{6}(C_i^l + 4C_i^c + C_i^u)X \quad \forall i = 1, \cdots, m \tag{5-22}$$

$$\max f_j = \frac{1}{6}(C_i^l + 4C_i^c + C_i^u)X \quad \forall j = m+1, \cdots, m+n \tag{5-23}$$

s.t. $\quad \dfrac{1}{6}(A_k^l + 4A_k^c + A_k^u)X \leqslant \dfrac{1}{6}(B_k^l + 4B_k^c + B_k^u) \quad \forall k = 1, \cdots, p \tag{5-24}$

$$\frac{1}{6}(A_g^l + 4A_g^c + A_g^u)X \leqslant \frac{1}{6}(B_g^l + 4B_g^c + B_g^u) \quad \forall g = p+1, \cdots, p+q \tag{5-25}$$

$$X \geqslant 0 \tag{5-26}$$

在城市生活垃圾资源化处置过程中，除了模糊信息外，还包括灰色信息。灰色信息通常用闭区间的形式表述。在灰色系统中，通常用灰数来表示信息。灰数符号为 $\otimes(\alpha)$，它表示闭区间 $[\underline{\otimes}(\alpha), \overline{\otimes}(\alpha)]$。

由于指标的信息量要求较低，因而灰色线性规划的求解比较简单，将原规划问题分为两个子规划问题分别进行求解。为了更好地描述城市生活垃圾及其衍生物优化配置过程中的不确定信息，本章将模糊线性规划和灰色线性规划结合，构建灰色模糊多目标线性规划模型。其模型如下所示：

$$\min \otimes z = w_1 \otimes f_i + w_2 \otimes f_j \tag{5-27}$$

$$\min \otimes f_i = \otimes \widetilde{C}_i \otimes X \quad \forall i = 1, \cdots, m \tag{5-28}$$

$$\max \otimes f_j = \otimes \widetilde{C}_j \otimes X \quad \forall j = m+1, \cdots, m+n \tag{5-29}$$

s.t. $\quad \otimes \widetilde{A}_k \otimes X \leqslant \otimes \widetilde{B}_k \quad \forall k = 1, \cdots, p \tag{5-30}$

$$\otimes \widetilde{A}_g \otimes X \leqslant \otimes \widetilde{B}_g \quad \forall g = p+1, \cdots, p+q \tag{5-31}$$

$$\overline{\otimes} X \geqslant 0 \tag{5-32}$$

5.1.2 模型求解

灰色模糊多目标线性规划模型的求解首先需要将原问题转化为 2 个子问题，然后通过期望值排序去模糊化，再分别对这 2 个子问题进行求解，再将 2 个问题的最优解合并作为原问题的最优解。因此，首先将原问题模型转化为 2 个子问题模型，具体形式如下：

子模型 I：

$$\min \overline{\otimes} z = w_1 \overline{\otimes} f_i + w_2 \overline{\otimes} f_j \tag{5-33}$$

$$\min \overline{\otimes} f_i = \frac{1}{6}(\overline{\otimes} C_i^l + 4 \overline{\otimes} C_i^c + \overline{\otimes} C_i^u) \overline{\otimes} X \quad \forall i = 1, \cdots, m \tag{5-34}$$

$$\max \overline{\otimes} f_j = \frac{1}{6}(\overline{\otimes} C_i^l + 4 \overline{\otimes} C_i^c + \overline{\otimes} C_i^u) \overline{\otimes} X \quad \forall j = m+1, \cdots, m+n \tag{5-35}$$

s.t. $\quad \frac{1}{6}(\overline{\otimes} A_k^l + 4 \overline{\otimes} A_k^c + \overline{\otimes} A_k^u) \overline{\otimes} X \leqslant \frac{1}{6}(\overline{\otimes} B_k^l + 4 \overline{\otimes} B_k^c + \overline{\otimes} B_k^u) \quad \forall k = 1, \cdots, p$

$$\tag{5-36}$$

$$\frac{1}{6}(\overline{\otimes} A_g^l + 4 \overline{\otimes} A_g^c + \overline{\otimes} A_g^{u+}) \overline{\otimes} X \leqslant \frac{1}{6}(\overline{\otimes} B_g^l + 4 \overline{\otimes} B_g^c + \overline{\otimes} B_g^u) \quad \forall g = p+1, \cdots, p+q$$

$$\tag{5-37}$$

$$\overline{\otimes} X \geqslant 0 \tag{5-38}$$

子模型 II：

$$\min \underline{\otimes} z = w_1 \underline{\otimes} f_i + w_2 \underline{\otimes} f_j \tag{5-39}$$

$$\min \underline{\otimes} f_i = \frac{1}{6}(\underline{\otimes} C_i^l + 4 \underline{\otimes} C_i^c + \underline{\otimes} C_i^u) \underline{\otimes} X \quad \forall i = 1, \cdots, m \tag{5-40}$$

$$\max \underline{\otimes} f_j = \frac{1}{6}(\underline{\otimes} C_i^l + 4 \underline{\otimes} C_i^c + \underline{\otimes} C_i^u) \underline{\otimes} X \quad \forall j = m+1, \cdots, m+n \tag{5-41}$$

s.t. $\quad \frac{1}{6}(\underline{\otimes} A_k^l + 4 \underline{\otimes} A_k^c + \underline{\otimes} A_k^u) \underline{\otimes} X \leqslant \frac{1}{6}(\underline{\otimes} B_k^l + 4 \underline{\otimes} B_k^c + \underline{\otimes} B_k^u) \quad \forall k = 1, \cdots, p$

$$\tag{5-42}$$

$$\frac{1}{6}(\underline{\otimes} A_g^l + 4 \underline{\otimes} A_g^c + \underline{\otimes} A_g^u) \underline{\otimes} X \leqslant \frac{1}{6}(\underline{\otimes} B_g^l + 4 \underline{\otimes} B_g^c + \underline{\otimes} B_g^u) \quad \forall g = p+1, \cdots, p+q$$

$$\tag{5-43}$$

$$\underline{\otimes} X \geqslant 0 \tag{5-44}$$

灰色模糊多目标线性规划模型的求解框架如图 5-2 所示。

由图 5-2 可知，灰色模糊多目标线性规划模型的求解过程为：

步骤1：通过询问专家、查阅资料等方式，找出系统中的确定性变量和不确定性变量，并针对其特点将其定义为确定数、灰数和模糊数。

步骤2：构建确定性多目标线性规划模型。

步骤3：将模糊数和灰数考虑在内，构建灰色模糊多目标线性规划模型。

步骤4：将灰色模糊线性规划模型转变为两个子模型。

步骤5：运用期望值排序去模糊化并求得模糊区间最优解。

步骤6：依据权重在各个目标之间进行妥协，获得最优配置方案。

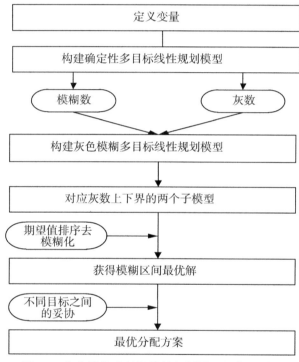

图 5-2　灰色模糊多目标线性规划模型的求解框架

5.2　多目标城市生活垃圾两级优化配置模型的构建

本章以成本和环境影响最小为目标构建模型。在模型中，城市生活垃圾产生量、生活垃圾处置厂的运营成本以灰数的形式表示，而垃圾焚烧发电厂处置能力、垃圾补贴、RDF销售价格、环境排放、飞灰转化率、RDF转化率、垃圾发电上网电价等参数则以模糊数表示，运输距离用确定数表示。

5.2.1 成本最小化优配模型

5.2.1.1 问题描述

生活垃圾在资源化处置过程中,存在两级配置的情况。第一级配置是生活垃圾中转站到生活垃圾处置厂之间的生活垃圾配置。生活垃圾在生活垃圾中转站经过简单的压缩、压实处置后,由生活垃圾中转站运往各个生活垃圾处置厂进行资源化处置。目前我国采用的资源化处置技术主要有垃圾焚烧发电技术、垃圾堆肥技术、垃圾衍生燃料技术以及作为备用处置方式的垃圾卫生填埋技术。由于垃圾堆肥处置技术处置周期较长,我国大多数城市并未采用,因此,本章主要考虑生活垃圾焚烧发电、垃圾衍生燃料(RDF)制备技术和垃圾卫生填埋这三种生活垃圾处置方式。

第二级配置是生活垃圾衍生物的配置。垃圾衍生物包括垃圾焚烧残留物以及 RDF。生活垃圾在焚烧发电过程中,会产生一定的残留物,如飞灰、炉渣等。生活垃圾在 RDF 制备厂进行处置后,会转化为衍生燃料。垃圾焚烧残留物和衍生燃料都需要再次进行配置。残留物主要有两种处置方式:填埋或水泥窑协同处置。RDF 可以作为替代燃料运往水泥厂进行协同处置。除此之外,RDF 作为衍生燃料也可以在市场上进行售卖。根据上述情况,城市生活垃圾资源化处置两级配置流程如图 5-3 所示。

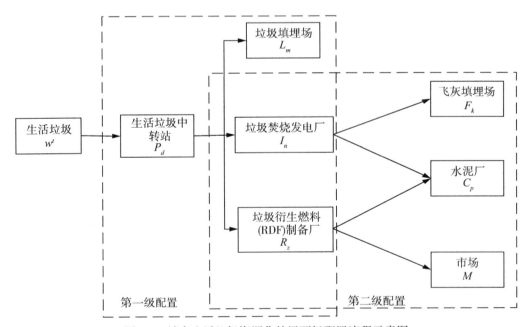

图 5-3 城市生活垃圾资源化处置两级配置流程示意图

由图 5-3 可知，城市生活垃圾由垃圾中转站收集，经过简单的压缩、压实处置后，被运往三个垃圾处置厂(RDF 制备厂、垃圾焚烧发电厂、垃圾卫生填埋厂)进行处置。在垃圾焚烧发电厂，垃圾经过处置后会产生电能和残留物(飞灰、炉渣等)，电能可以上网，而残留物则运往飞灰填埋场或水泥厂进行最终处置。在垃圾衍生燃料制备厂，垃圾经过处置后会产生垃圾衍生燃料，衍生燃料既可以作为化石燃料的替代品，运往水泥厂进行协同处置，也可以在市场上进行销售。

5.2.1.2 问题假设与参数说明

本章所构建的模型，基于以下假设：

①所有生活垃圾资源化处置厂和所有衍生物处置厂的处置效率都相同。

②在研究周期内，如果生活垃圾资源化处置厂接收的垃圾量超过所有处置厂的最大容量时，则考虑扩建容量。

③不考虑设备折旧、管理人员工资等固定成本，仅考虑各个企业的运营成本。

④生活垃圾运输过程中，会产生运输成本，运输成本仅同运输的交通路程有关。

⑤在垃圾焚烧发电厂处置后产生的残留物中，由于炉渣可以循环利用，不用进行处置，因此仅考虑飞灰的处置。

本章构建模型所涉及的参数符号说明如下：

w^t：t 时期的城市生活垃圾产量(万吨)。

λ：生活垃圾经过压缩压实后的剩余比率。

P_d^t：t 时期有 d 个生活垃圾中转站收运生活垃圾，$d = 1，\cdots，D$。

R_z^t：t 时期有 z 个 RDF 处置厂制备垃圾衍生燃料(RDF)，$z = 1，\cdots，Z$。

I_n^t：t 时期有 n 个垃圾焚烧发电厂处置垃圾，$n = 1，\cdots，N$。

L_m^t：t 时期有 m 个垃圾卫生填埋场填埋垃圾，$m = 1，\cdots，M$。

C_p^t：t 时期有 p 个水泥厂运用水泥窑协同处置生活垃圾，$p = 1，\cdots，P$。

F_g^t：t 时期有 g 个飞灰填埋场进行飞灰填埋，$g = 1，\cdots，G$。

Q_{P_d, I_n}^t：t 时期由中转站 P_d^t 运往垃圾焚烧发电厂 I_n^t 的垃圾量(万吨)。

Q_{P_d, R_z}^t：t 时期由中转站 P_d^t 运往垃圾衍生燃料制备厂 R_z^t 的垃圾量(万吨)。

Q_{P_d, L_m}^t：t 时期由中转站 P_d^t 运往垃圾填埋场 L_m^t 的垃圾量(万吨)。

σ：1 吨垃圾转化为 RDF 的转化率。

Q_{R_z, C_q}^t：t 时期运往水泥厂 C_p^t 进行水泥窑协同处置的 RDF 量(万吨)。

$Q_{R_z, M}^t$：t 时期在市场进行出售的 RDF 量(万吨)。

ε：焚烧 1 吨垃圾产生的电能(kw·h)。

μ：焚烧 1 吨垃圾产生飞灰的比例。

$Q^t_{I_n, F_g}$：t 时期由垃圾焚烧发电厂 I_n 运至飞灰填埋场 F_g 进行填埋的飞灰量(万吨)。

$Q^t_{I_n, C_p}$：t 时期由垃圾焚烧发电厂 I_n 运至水泥厂 C_p 通过水泥窑协同处置的飞灰量(万吨)。

$Q^t_{a, b}$：t 时期从 a 地运往到 b 地的垃圾量。

$dis_{a, b}$：a 地到 b 地的距离。

C^t_T：t 时期的运输成本。

C^t_m：各个企业运营总成本。

$C^t_{R_z}$：t 时期 RDF 处置厂处置生活垃圾的运营成本。

$C^t_{I_n}$：t 时期垃圾焚烧发电厂处置生活垃圾的运营成本。

$C^t_{L_m}$：t 时期垃圾填埋场填埋生活垃圾的运营成本。

$C^t_{C_p}$：t 时期水泥窑协同处置生活垃圾的运营成本。

$C^t_{CF_p}$：t 时期水泥窑协同处置飞灰的运营成本。

$C^t_{F_g}$：t 时期飞灰填埋场处置飞灰的运营成本。

P^t_{RDF}：t 时期每吨 RDF 的销售价格。

S^t_{RDF}：t 时期 RDF 制备厂处置每吨生活垃圾的补贴。

B^t_{RDF}：t 时期 RDF 制备厂的收益。

S^t_I：t 时期焚烧发电厂处置每吨垃圾的补贴。

E^t_n：t 时期 n 个垃圾焚烧发电厂的上网电量。

P^t_I：垃圾发电的上网电价。

ν：每吨 RDF 对化石燃料的替代率。

P^t_C：t 时期的化石燃料的价格。

B^t_C：t 时期水泥厂的收益。

$M_{I_n, a}$：垃圾焚烧发电厂最低垃圾处置要求。

$M_{I_n, b}$：垃圾焚烧发电厂最高垃圾处置能力。

α^t：二元变量，如果 t 时期垃圾焚烧发电厂扩建则为 1，否则为 0。

M_{I_nE}：垃圾焚烧发电厂扩建的处置能力。

$M_{R_z, a}$：RDF 制备厂最低处置要求。

$M_{R_z, b}$：RDF 制备厂最大处置能力。

β^t：二元变量，如果 t 时期 RDF 制备厂扩建则为 1，否则为 0。

M_{R_zE}：RDF 制备厂扩建的处置能力。

C_{ER_z}：RDF 制备厂的单位扩建成本。

C_{EI_n}：垃圾焚烧发电厂的单位扩建成本。

C_E^t：t 时期垃圾资源化处置厂扩建总成本。

M_{L_m}：垃圾卫生填埋场能够处置的最大垃圾总量。

M_{C_p}：水泥厂能够协同处置的最大 RDF 量。

M_{F_g}：飞灰填埋场能够处置的最大飞灰量。

Z_1^t：t 时期生活垃圾资源化处置系统总成本。

GWP_L：垃圾填埋场处置 1 吨生活垃圾过程中的温室气体排放量。

GWP_I：垃圾焚烧发电厂处置 1 吨生活垃圾过程中的温室气体排放量。

GWP_R：RDF 制备厂处置 1 吨生活垃圾过程中的温室气体排放量。

GWP_{FL}：飞灰填埋场填埋 1 吨飞灰的温室气体排放量。

GWP_{FC}：水泥厂协同处置 1 吨飞灰的温室气体排放量。

GWP_C：水泥厂处置 1 吨 RDF 的温室气体排放量。

GWP_{TC}：垃圾转运车运输过程中的单位温室气体排放量。

Z_2^t：t 时期生活垃圾资源化处置系统的温室气体排放总量。

W_1：生活垃圾资源化处置系统的成本权重。

W_2：生活垃圾资源化处置系统的温室气体排放量权重。

Z^t：t 时期生活垃圾资源化处置系统的综合评价值。

5.2.1.3 模型的构建

城市生活垃圾的资源化处置系统主要考虑成本和环境两个主要因素。综合评价目标函数为：

$$\min Z^t = W_1 Z_1^t + W_2 Z_2^t \tag{5-45}$$

系统成本目标函数主要由运输成本、企业运营总成本、垃圾处置厂扩建总成本、经济收益四个部分构成。具体表述如下。

（1）运输成本

令 X 表示所有的运输路线集合，(a, b) 表示从 a 地运往 b 地，则有 $(a, b) \in X$。$C_{a,b}^t$ 表示 t 时期从 a 地运往 b 地每公里运输成本，$dis_{a,b}$ 表示 a 地到 b 地的距离。则 t 时期的总运输成本 C_T^t 为：

$$C_T^t = \sum_{(a,b) \in X} C_{a,b}^t \cdot dis_{a,b} \tag{5-46}$$

（2）企业运营总成本

假设 $C_{R_z}^t$、$C_{I_n}^t$、$C_{L_m}^t$、$C_{C_p}^t$、$C_{CF_p}^t$、$C_{F_g}^t$ 分别表示 t 时期 RDF 处置厂、垃圾焚烧发电厂、垃圾填埋场、水泥窑协同处置生活垃圾、水泥窑协同处置飞灰以及飞灰填埋场的运营成本。则 t 时期企业运营总成本 C_m^t 为：

$$C_m^t = \sum_{d=1}^{D}\sum_{z=1}^{Z} Q_{P_d,R_z}^t C_{R_z}^t + \sum_{d=1}^{D}\sum_{n=1}^{N} Q_{P_d,I_n}^t C_{I_n}^t + \sum_{d=1}^{D}\sum_{m=1}^{M} Q_{P_d,L_m}^t C_{L_m}^t \\ + \sum_{p=1}^{P} (\sum_{z=1}^{Z} Q_{R_z,C_p}^t C_{C_p}^t + \sum_{n=1}^{N} Q_{I_n,C_p}^t C_{CF_p}^t) + \sum_{n=1}^{N}\sum_{g=1}^{G} Q_{I_n,F_g}^t C_{F_g}^t \tag{5-47}$$

（3）垃圾处置厂扩建总成本

当生活垃圾量超过所有垃圾处置厂处置能力时，则进行扩建或新建处置厂。由于我国对新建垃圾焚烧发电厂、垃圾填埋场进行限制，RDF 处置厂的新建往往也伴随着水泥厂的新建，现实中也很难进行，因此本书仅考虑垃圾焚烧发电厂和 RDF 处置厂扩建的情况。则 t 时期垃圾处置厂扩建总成本为：

$$C_E^t = \alpha^t \sum_{n=1}^{N} C_{EI_n}^t + \beta^t \sum_{z=1}^{Z} C_{ER_z}^t \tag{5-48}$$

（4）经济收益

① RDF 制备厂收益

t 时期 RDF 制备厂的收益主要由两个部分构成，RDF 在市场上的销售收益以及处置生活垃圾的补贴收益，RDF 制备厂收益可表述为：

$$B_{RDF}^t = \sum_{z=1}^{Z} P_{RDF}^t Q_{R_z,M}^t + S_{RDF}^t \sum_{d=1}^{D}\sum_{z=1}^{Z} Q_{P_d,R_z}^t \tag{5-49}$$

② 电能收益

根据《国家发展改革委关于完善垃圾焚烧发电价格政策的通知》，以生活垃圾为原料的垃圾焚烧发电项目，均先按其入厂垃圾处置量折算成上网电量进行结算，每吨生活垃圾折算上网电量暂定为 280 千瓦时，并执行全国统一垃圾发电标杆电价每千瓦时 0.65 元（含税，下同）；其余上网电量执行当地同类燃煤发电机组上网电价。并且计价标准为：当以垃圾处置量折算的上网电量低于实际上网电量的 50%时，视为常规发电项目，不得享受垃圾发电价格补贴；当折算上网电量高于实际上网电量的 50%且低于实际上网电量时，以折算的上网电量作为垃圾发电上网电量；当折算上网电量高于实际上网电量时，以实际上网电量作为垃圾发电上网电量。为了便于计算，假定所有的上网电量都以每千瓦时 0.65 元计算。垃圾焚烧发电厂获得垃圾处置补贴费用 S_n^t，垃圾焚烧发电厂焚烧 1 吨垃圾可转化的电能为 ε kw·h。则 t 时期电能收益为：

$$B_E^t = \sum_{n=1}^{N} P_I^t E_n^t + \sum_{d=1}^{D}\sum_{n=1}^{N} Q_{P_d,I_n}^t S_n^t \tag{5-50}$$

其中，$E_n^t = \sum_{d=1}^{D}\sum_{n=1}^{N} Q_{P_d,I_n}^t \varepsilon$。

③ 水泥厂收益

水泥厂协同处置垃圾，首先将生活垃圾制成RDF，然后入水泥窑进行协同处置。由于RDF可以替代部分化石燃料，因此可看作水泥厂的收益。则t时期水泥厂收益为：

$$B_C^t = P_C^t \sum_{p=1}^{P} \sum_{z=1}^{Z} \nu Q_{R_z, C_p}^t \tag{5-51}$$

综上所述，则t时期生活垃圾资源化处置系统总成本目标函数可写为：

$$\min Z_1^t = C_T^t + C_m^t + C_E^t - B_{RDF}^t - B_E^t - B_C^t \tag{5-52}$$

(5) 约束条件

该模型涉及3个约束，垃圾资源化处置厂处置能力约束、物料平衡约束、非负约束。

①垃圾焚烧发电厂处置能力约束

t时期运至焚烧发电厂进行处置的垃圾应介于其最低和最高处置能力加扩建能力之间，则有：

$$M_{I_n, a} \leq \sum_{n=1}^{N} \sum_{d=1}^{D} Q_{P_d, I_n}^t \leq M_{I_n, b} + \alpha^t M_{I_n E} \tag{5-53}$$

②RDF制备厂处置能力约束

t时期运至RDF制备厂的生活垃圾量应介于其最低和最高处置能力加扩建能力之间，则有：

$$M_{R_z, a} \leq \sum_{d=1}^{D} \sum_{z=1}^{Z} Q_{P_d, R_z}^t \leq M_{R_z, b} + \beta^t M_{R_z E} \tag{5-54}$$

③垃圾卫生填埋场处置能力约束

运至垃圾卫生填埋场的生活垃圾量应小于其总填埋能力，则有：

$$\sum_{t=1}^{T} \sum_{d=1}^{D} \sum_{m=1}^{M} Q_{P_d, L_m}^t \leq M_{L_m} \tag{5-55}$$

④水泥厂协同处置的处置能力约束

t时期运至水泥厂进行处置的RDF和飞灰应分别小于水泥厂处置能力，则有：

$$\sum_{z=1}^{Z} \sum_{p=1}^{P} Q_{R_z, C_p}^t \leq M_{C_p} \tag{5-56}$$

$$\sum_{n=1}^{N} \sum_{p=1}^{P} Q_{I_n, C_p}^t \leq M_{C_p, F} \tag{5-57}$$

⑤飞灰填埋场处置能力约束

运至飞灰填埋场进行处置的飞灰应小于其最大填埋能力，则有：

$$\sum_{t=1}^{T} \sum_{n=1}^{N} \sum_{g=1}^{G} Q_{I_n, F_g}^t \leq M_{F_g} \tag{5-58}$$

⑥物料平衡约束

根据质量守恒方程，可得垃圾中转站、RDF处置厂和垃圾焚烧发电厂的物料平衡约束为：

$$\sum_{z=1}^{Z} Q_{P_d,R_z}^t + \sum_{n=1}^{N} Q_{P_d,I_n}^t + \sum_{m=1}^{M} Q_{P_d,L_m}^t = \lambda w^t \quad d = 1, \cdots, D \tag{5-59}$$

$$\sum_{p=1}^{P} Q_{R_z,C_p}^t + Q_{R_z,M}^t = \sigma \sum_{d=1}^{D} Q_{P_d,R_z}^t \quad z = 1, \cdots, Z \tag{5-60}$$

$$\sum_{g=1}^{G} Q_{I_n,F_g}^t + \sum_{p=1}^{P} Q_{I_n,C_p}^t = \mu \sum_{d=1}^{D} Q_{P_d,I_n}^t \quad n = 1, \cdots, N \tag{5-61}$$

⑦非负约束

在本章模型中，所有的决策变量都是非负的。

5.2.2 环境影响最小化优配模型

本章以温室气体排放量来衡量城市生活垃圾资源化处置的环境影响。城市生活垃圾在处置过程中，会产生一定的温室气体。本章以温室气体潜能值（Global Warming Potential, GWP）表示环境影响。

在生活垃圾及其衍生物配置过程中，生活垃圾由中转站运往处置厂以及衍生物由处置厂运往衍生物处置厂的运输过程中，存在温室气体排放的情形。在处置过程中，垃圾卫生填埋会排放甲烷和二氧化碳两种温室气体，其中，1 单位甲烷相当于 25 单位的二氧化碳当量温室气体。垃圾焚烧发电、RDF 制备、飞灰填埋都存在温室气体的排放。飞灰在水泥窑协同处置过程中，是伴随着水泥生产进行的，因此额外排放的温室气体量趋于零，水泥窑处置 RDF 时，对化石燃料存在替代效用，因此，使用水泥窑处置 RDF，实现了对环境的减排效用。结合成本最小化模型中的相关指标参数，t 时期的温室气体排放量函数为：

$$\begin{aligned} \min Z_2^t = & \left(\sum_{d=1}^{D} \sum_{m=1}^{M} Q_{P_d,L_m}^t \cdot \mathrm{dis}_{P_d,L_m} + \sum_{d=1}^{D} \sum_{n=1}^{N} Q_{P_d,I_n}^t \cdot \mathrm{dis}_{P_d,I_n} + \sum_{d=1}^{D} \sum_{z=1}^{Z} Q_{P_d,R_z}^t \cdot \mathrm{dis}_{P_d,R_z} \right. \\ & \left. + \sum_{z=1}^{Z} \sum_{p=1}^{P} Q_{R_z,C_p}^t \cdot \mathrm{dis}_{R_z,C_p} + \sum_{n=1}^{N} \sum_{g=1}^{G} Q_{I_n,F_g}^t \cdot \mathrm{dis}_{I_n,F_g} + \sum_{n=1}^{N} \sum_{p=1}^{P} Q_{I_n,C_p}^t \cdot \mathrm{dis}_{I_n,C_p} \right) \cdot \mathrm{GWP}_{TC} \\ & + \sum_{d=1}^{D} \sum_{m=1}^{M} Q_{P_d,L_m}^t \cdot \mathrm{GWP}_L + \sum_{d=1}^{D} \sum_{n=1}^{N} Q_{P_d,I_n}^t \cdot \mathrm{GWP}_I + \sum_{d=1}^{D} \sum_{z=1}^{Z} Q_{P_d,R_z}^t \cdot \mathrm{GWP}_R \\ & + \sum_{z=1}^{Z} \sum_{p=1}^{P} Q_{R_z,C_p}^t \cdot \mathrm{GWP}_C + \sum_{g=1}^{G} Q_{I_n,F_g}^t \cdot \mathrm{GWP}_{FL} + \sum_{n=1}^{N} \sum_{p=1}^{P} Q_{I_n,C_p}^t \cdot \mathrm{GWP}_{FC} \end{aligned} \tag{5-62}$$

其中，前三项表示垃圾由垃圾中转站分别运往垃圾填埋场、焚烧发电厂、RDF 制备厂路途中的温室气体排放量；第四项表示 RDF 运往水泥厂路途中的温室气体排放量；第五、六项表示飞灰分别运往飞灰填埋场和水泥厂路途中的温室气体排放量；第七、八、九项分别表示生活垃圾在垃圾填埋场、焚烧发电厂、RDF 制备厂处置的温室气体排放量；第十项表示 RDF 在水泥厂处置的温室气体排放量；第十一、十二项表示飞灰分别在飞灰填埋场和水泥厂处置的温室气体排放量。

5.3 不确定性多目标城市生活垃圾两级优化配置模型的构建

由于城市生活垃圾资源化处置过程中存在诸多不确定因素，因此将上述确定性城市生活垃圾两级优配模型转化为城市生活垃圾灰色模糊多目标线性规划两级优配模型。依据前面提到的将确定性模型转化为灰色模糊模型的方法，可以得到城市生活垃圾灰色模糊多目标两级配置模型，灰色模糊最小系统成本函数可表述为：

$$\min \otimes \widetilde{Z}_1^t = \otimes \widetilde{C}_T^t + \otimes \widetilde{C}_m^t + \otimes \widetilde{C}_E^t - \otimes \widetilde{B}_{RDF}^t - \otimes \widetilde{B}_E^t - \otimes \widetilde{B}_C^t \tag{5-63}$$

在 (5-63) 中，$\otimes \widetilde{C}_T^t$ 表示 t 时期垃圾运输成本的模糊灰数，$\otimes \widetilde{C}_m^t$ 表示 t 时期企业总成本的模糊灰数，$\otimes \widetilde{C}_E^t$ 表示 t 时期企业扩建成本的模糊灰数，$\otimes \widetilde{B}_{RDF}^t$ 表示 t 时期 RDF 制备厂收益的模糊灰数，$\otimes \widetilde{B}_E^t$ 表示 t 时期电能收益的模糊灰数，$\otimes \widetilde{B}_C^t$ 表示 t 时期水泥厂收益的模糊灰数。

$\widetilde{GWP}_{TC}$、$\widetilde{GWP}_L$、$\widetilde{GWP}_I$、$\widetilde{GWP}_R$、$\widetilde{GWP}_C$、$\widetilde{GWP}_{FL}$、$\widetilde{GWP}_{FC}$ 分别表示垃圾及其衍生物运输、垃圾填埋、垃圾焚烧、RDF 制备、水泥窑处置 RDF、飞灰填埋、水泥窑协同处置飞灰的温室气体排放量模糊数。t 时期温室气体排放量模糊函数为：

$$\begin{aligned}\min \widetilde{Z}_2^t = &\left(\sum_{d=1}^{D}\sum_{m=1}^{M} Q_{P_d,L_m}^t \cdot \mathrm{dis}_{P_d,L_m} + \sum_{d=1}^{D}\sum_{n=1}^{N} Q_{P_d,I_n}^t \cdot \mathrm{dis}_{P_d,I_n} + \sum_{d=1}^{D}\sum_{z=1}^{Z} Q_{P_d,R_z}^t \cdot \mathrm{dis}_{P_d,R_z} \right.\\ &\left. + \sum_{z=1}^{Z}\sum_{p=1}^{P} Q_{R_z,C_p}^t \cdot \mathrm{dis}_{R_z,C_p} + \sum_{n=1}^{N}\sum_{g=1}^{G} Q_{I_n,F_g}^t \cdot \mathrm{dis}_{I_n,F_g} + \sum_{n=1}^{N}\sum_{p=1}^{P} Q_{I_n,C_p}^t \cdot \mathrm{dis}_{I_n,C_p} \right) \cdot \widetilde{GWP}_{TC} \\ &+ \sum_{d=1}^{D}\sum_{m=1}^{M} Q_{P_d,L_m}^t \cdot \widetilde{GWP}_L + \sum_{d=1}^{D}\sum_{m=1}^{M} Q_{P_d,I_n}^t \cdot \widetilde{GWP}_I + \sum_{d=1}^{D}\sum_{z=1}^{Z} Q_{P_d,R_z}^t \cdot \widetilde{GWP}_R \\ &+ \sum_{z=1}^{Z}\sum_{p=1}^{P} Q_{R_z,C_p}^t \cdot \widetilde{GWP}_C + \sum_{g=1}^{G} Q_{I_n,F_g}^t \cdot \widetilde{GWP}_{FL} + \sum_{n=1}^{N}\sum_{p=1}^{P} Q_{I_n,C_p}^t \cdot \widetilde{GWP}_{FC} \end{aligned} \tag{5-64}$$

引入权重 $W_i(i=1,2)$，可得灰色模糊城市生活垃圾两级配置综合评价函数为：

$$\min \otimes \widetilde{Z}^t = W_1 \otimes \widetilde{Z}_1^t + W_2 \widetilde{Z}_2^t \tag{5-65}$$

灰色模糊多目标两级配置模型的约束条件如下。

（1）各个垃圾处置厂的处置能力约束

①垃圾焚烧发电厂处置能力约束

$$M_{I_n,a} \leqslant \sum_{n=1}^{N}\sum_{d=1}^{D} \otimes Q_{P_d,I_n}^t \leqslant M_{I_n,b} + \alpha^t M_{I_nE} \tag{5-66}$$

81

②RDF 制备厂处置能力约束

$$M_{R_z,a} \leqslant \sum_{d=1}^{D} \sum_{z=1}^{Z} \otimes Q_{P_d,R_z}^t \leqslant M_{R_z,b} + \beta^t M_{R_zE} \quad (5\text{-}67)$$

③垃圾卫生填埋场处置能力约束

$$\sum_{t=1}^{T} \sum_{d=1}^{D} \sum_{m=1}^{M} \otimes Q_{P_d,L_m}^t \leqslant M_{L_m} \quad (5\text{-}68)$$

④水泥厂协同处置的处置能力约束

$$\sum_{z=1}^{Z} \sum_{p=1}^{P} \otimes Q_{R_z,C_p}^t \leqslant M_{C_p} \quad (5\text{-}69)$$

$$\sum_{n=1}^{N} \sum_{p=1}^{P} \otimes Q_{I_n,C_p}^t \leqslant M_{C_p,F} \quad (5\text{-}70)$$

⑤飞灰填埋场处置能力约束

$$\sum_{t=1}^{T} \sum_{n=1}^{N} \sum_{g=1}^{G} \otimes Q_{I_n,F_g}^t \leqslant M_{F_g} \quad (5\text{-}71)$$

(2) 物料平衡约束

$$\sum_{z=1}^{Z} \otimes Q_{P_d,R_z}^t + \sum_{n=1}^{N} \otimes Q_{P_d,I_n}^t + \sum_{m=1}^{M} \otimes Q_{P_d,L_m}^t = \lambda \otimes w^t \quad d=1,\cdots,D \quad (5\text{-}72)$$

$$\sum_{p=1}^{P} \otimes Q_{R_z,C_p}^t + \otimes Q_{R_z,M}^t = \sigma \sum_{d=1}^{D} \otimes Q_{P_d,R_z}^t \quad z=1,\cdots,Z \quad (5\text{-}73)$$

$$\sum_{g=1}^{G} \otimes Q_{I_n,F_g}^t + \sum_{p=1}^{P} \otimes Q_{I_n,C_p}^t = \mu \sum_{d=1}^{D} \otimes Q_{P_d,I_n}^t \quad n=1,\cdots,N \quad (5\text{-}74)$$

(3) 非负约束

所有的决策变量都是非负的。

本 章 小 结

生活垃圾中转站及垃圾处置厂的选址位置确定后，需要对城市生活垃圾资源化处置过程的第三阶段(城市生活垃圾资源化处置)和第四阶段(垃圾衍生物处置)进行优化配置研究，即生活垃圾由垃圾中转站到各个垃圾处置厂间的优化配置以及垃圾处置衍生物由垃圾处置厂到各个衍生物处置厂之间的优化配置。大多数学者在研究城市生活垃圾优化配置问题时，主要研究城市生活垃圾的优化配置，忽视了生活垃圾在处置过程中所产生的垃圾衍生物的处置配置问题。实际上，垃圾处理过程中产生的垃圾衍生物也需要进行优化配置。因此，在研究城市生活垃圾在资源化处置过程中的优化配置问题时，对城市生活垃圾及其衍生物的优化配置同时进行研究。在城市生活垃圾资源化处置过程中，既要考虑成本因素,也要考虑环境影响。将城市生活垃圾处置过程中的不确定性参数运用区间数和模糊数进行表述,构建基于成本最低和环境影响最小的灰色模糊多目标城市生活垃圾两级优化配置模型。通过构建子模型和期望值排序法对模型进行求解。

第6章 应用研究——黄石中心城区城市生活垃圾资源化处置过程优化配置研究

6.1 黄石中心城区城市生活垃圾处置情况概述

6.1.1 地理位置

黄石市位于湖北省东南部,东北临长江,北接鄂州,西靠武汉,西南临咸宁,东南毗邻九江、瑞昌,总面积达到4583平方千米。黄石市下辖4个行政区(黄石港区、西塞山区、下陆区、铁山区),一个县级市(大冶市),一个县(阳新县),一个开发区(黄石经济技术开发区)。黄石中心城区主要包括黄石港区、西塞山区以及下陆区三个行政区,地理位置如图6-1所示。

图 6-1 黄石中心城区示意图

6.1.2 生活垃圾处置情况

黄石中心城区的城市生活垃圾首先定点收集，然后由 20 吨密闭式运输车运至垃圾中转站。在垃圾中转站经过初步处理后，再运往垃圾焚烧发电厂和垃圾填埋场进行处置。黄石拥有垃圾焚烧发电厂 1 座（黄石黄金山生活垃圾焚烧发电厂），拥有 1 座垃圾填埋场（大排山垃圾填埋场）。黄金山生活垃圾焚烧发电厂年处理能力最高达 45 万吨，年发电量最高达 1.6 亿度。西塞山大排山生活垃圾填埋场占地面积 225 亩，库容量 169.5 万立方米，城市生活垃圾日处理能力为 330 吨，采用卫生填埋处理工艺，使用年限为 15 年。

目前，黄石城市生活垃圾以焚烧发电处置为主，大排山生活垃圾填埋场作为城市生活垃圾的备用处理场使用。垃圾焚烧后产生的飞灰，经过固化后运至大排山飞灰填埋场进行处置。另外，华新水泥股份有限公司在 2018 年 3 月 1 日同黄石市政府签订了"百年复兴基地"项目，RDF 制备厂将落户黄石。黄石市城市生活垃圾处置模式恰好同本书所研究的城市生活垃圾资源化处置模式吻合，因此，将黄石市作为应用研究的对象。

6.2 黄石中心城区城市生活垃圾产生量的分布预测

黄石中心城区由三个行政区构成：黄石港区、西塞山区和下陆区。由于经济发展程度不同，各个行政区的人均生活垃圾产生量也不同。本节首先对三个行政区的人均生活垃圾产生量进行预测，然后结合各个行政区的人口数据，得出各个时期黄石中心城区城市生活垃圾的分布情况。

6.2.1 影响因素分析

影响城市生活垃圾产生量的因素较多，如经济水平、居民人数、居民消费水平及习惯、居民教育程度、居民垃圾回收意识、气候条件、地理环境、相关法律制度等。这些影响因素可以分为直接影响因素和间接影响因素。直接影响因素表示对垃圾产生量直接产生影响的因素，如经济水平、居民人数、居民消费水平等；间接影响因素表示通过对居民消费行为产生影响进而影响到垃圾产生量的因素，如自然因素（季节、气候、地理环境等）、个体因素（居民教育程度、居民消费习惯、垃圾回收意识等）、社会因素（垃圾回收宣传教育、相关法律规章制度等）。间接影响因素由于数据难以获取，通常用于定性分析；而直接影响因素因数据获取相对容易，通常用于定量预测。这些因素不仅共同影响城市生活垃圾的产生量，而且还会随着时间的变化而改变。如果同时考虑所有因素，会使城市生活垃圾产生量的预测变得非常复杂，难以有效预测，所以本节主要考虑直接影响因素。

由于本节以人均生活垃圾产生量作为预测过程中的一个变量,因此,人口数据不被考虑。[①] 衡量经济水平和居民消费水平的指标主要包括居民收入水平[②],GDP[③]以及消费品购买总额[④],本节将年人均可支配收入、GDP、消费品零售总额作为影响因素来预测城市生活垃圾产生量的分布情况。

6.2.2 数据的收集

黄石中心城区人均城市生活垃圾产生量的预测主要考虑人均可支配收入、GDP、消费品零售总额三个影响因素。通过查找1996—2018年的《黄石统计年鉴》《湖北统计年鉴》以及根据调研资料整理,分别得到黄石港区、西塞山区、下陆区三个行政区1988—2017年的四个变量数据,如表6-1所示。

表6-1 **黄石中心城区人均城市生活垃圾产生量相关数据**

行政区	年份	人均生活垃圾产生量 (千克/人)	人均可支配收入 (元)	GDP (亿元)	消费品零售总额 (亿元)
黄石港区	1988	285.82	1092.24	3.64	2.84
	1989	286.51	1224.96	3.97	3.23
	1990	281.98	1452.36	5.04	4.46
	1991	288.82	1587.84	6.36	5.86
	1992	288.20	1798.98	8.67	7.47
	1993	313.73	2459.29	11.43	10.69
	1994	315.85	3234.69	15.46	14.93
	1995	316.23	3846.02	20.34	17.6
	1996	317.65	4617.23	21.45	18.1
	1997	325.26	4983.36	23.6	18.6

---

① Hockett D, Lober D J, Pilgrim K. Determinants of per capita municipal solid waste generation in the Southeastern United States[J]. Journal of Environmental Management, 1995, 45(3): 205-218.

② Monavari S M, Omrani G A, Karbassi A, et al. The effects of socioeconomic parameters on household solid-waste generation and composition in developing countries (a case study: Ahvaz, Iran)[J]. Environmental monitoring and assessment, 2012, 184(4): 1841-1846.

③ Beigl P, Lebersorger S, Salhofer S. Modelling municipal solid waste generation: A review[J]. Waste management, 2008, 28(1): 200-214.

④ Ghinea C, Drăgoi E N, Comăniță E D, et al. Forecasting municipal solid waste generation using prognostic tools and regression analysis[J]. Journal of environmental management, 2016, 182: 80-93.

6.2 黄石中心城区城市生活垃圾产生量的分布预测

续表

行政区	年份	人均生活垃圾产生量（千克/人）	人均可支配收入（元）	GDP（亿元）	消费品零售总额（亿元）
黄石港区	1998	325.79	5009.4	24.32	19.3
	1999	322.80	5367	25	20.2
	2000	376.43	5685	25.2	21.9
	2001	337.01	6208.6	29.29	22.2
	2002	344.15	6916	34.83	25.1
	2003	355.70	7779.6	37.82	28.66
	2004	360.68	8304.8	41.55	32.21
	2005	347.96	8830	42.23	37.53
	2006	386.51	10285.5	52.05	41.17
	2007	378.19	11741	59.9	45.3
	2008	409.57	13503	70.61	42
	2009	410.66	14967	74.4	44.11
	2010	412.54	16658	84.8	54.87
	2011	433.08	18872	108.54	67.34
	2012	403.60	21402	126	75.46
	2013	351.46	26491	136.13	99.15
	2014	366.40	28979	150.43	111.02
	2015	376.96	31610	158.96	124.32
	2016	371.21	34332	171.23	137.07
	2017	389.16	37295	194.14	153.7
西塞山区	1988	264.87	1095.77	4.1	3.14
	1989	260.89	1228.92	4.9	3.07
	1990	268.32	1457.05	5.2	2.87
	1991	266.05	1592.97	6.19	2.96
	1992	268.03	1804.79	7.45	4.07
	1993	265.92	2467.24	8.28	6.86
	1994	253.15	3245.15	17	7.43
	1995	254.89	3858.45	21.65	7.23
	1996	273.88	4632.15	22.68	8.07

87

续表

行政区	年份	人均生活垃圾产生量（千克/人）	人均可支配收入（元）	GDP（亿元）	消费品零售总额（亿元）
西塞山区	1997	269.27	4999.47	23.8	8.53
	1998	272.27	5025.59	25.9	9.34
	1999	301.04	5197	28.7	10.56
	2000	297.90	5312	33.16	11.17
	2001	311.72	5758.7	39.01	12.89
	2002	311.13	6305.4	45.4	14.68
	2003	288.83	6972.4	48.69	17.32
	2004	290.26	7464.2	53.86	20.09
	2005	254.16	7956	54.69	20.4
	2006	287.23	9206	65.76	26.2
	2007	296.64	10456	75.5	29.6
	2008	333.34	11892	90.4	35.5
	2009	353.33	12694	90.11	40.85
	2010	356.45	14153	102.37	51
	2011	355.53	16302	145.53	58.8
	2012	358.44	18833	140.19	59.44
	2013	324.73	20503	156.11	67.58
	2014	337.02	22492	160.15	76.17
	2015	344.71	24764	157.68	85.43
	2016	346.75	26998	162.25	94.61
	2017	350.91	29377	172	103.5
下陆区	1988	288.35	1075.03	3.35	0.32
	1989	285.21	1205.66	3.44	0.37
	1990	270.45	1429.47	4	0.4
	1991	282.33	1562.82	4.31	0.56
	1992	293.65	1770.63	4.43	0.57
	1993	292.03	2420.54	5.6	0.62
	1994	260.70	3183.72	8.4	0.92
	1995	247.12	3785.42	10.52	0.94

续表

行政区	年份	人均生活垃圾产生量（千克/人）	人均可支配收入（元）	GDP（亿元）	消费品零售总额（亿元）
下陆区	1996	262.35	4544.47	10.87	1.21
	1997	238.61	4904.83	11.21	1.53
	1998	256.31	5009	11.45	1.64
	1999	242.86	5093	12.13	2.13
	2000	257.52	5321	12.38	2.94
	2001	312.01	5819	14.75	3.86
	2002	322.74	6427.3	17.05	4.47
	2003	341.92	7169.5	18.69	5.85
	2004	337.36	7747.25	24.87	6.48
	2005	345.47	8325	43.22	7.27
	2006	347.90	9622	51.9	8.25
	2007	358.60	10919	60.72	9.61
	2008	408.70	12240	73	11.5
	2009	422.97	13576	62.01	13.45
	2010	452.17	15083	87.45	16
	2011	466.74	17274	146.79	17.51
	2012	313.98	19996	201.56	20.15
	2013	466.48	24985	215.15	57.12
	2014	459.93	27483	196.19	61.26
	2015	446.12	29849	179.16	65.19
	2016	448.47	32359	193.17	73.14
	2017	464.94	35284	222.65	82.3

6.2.3 人均城市生活垃圾产生量预测

黄石中心城区由三个行政区构成，因此，分别对三个行政区的人均城市生活垃圾产生量进行预测。首先以黄石港区为例，来验证GA-SVR模型的预测效果。将表6-1中黄石港区1988—2014年共27年的数据作为训练集来构建GA-SVR预测模型，然后再将2015—2017年的数据作为测试集检验模型的预测效果。本节采用台湾大学林智仁教授开发设计的

libsvm 工具箱来实现 SVR 的运算。遗传算法相关参数选择如下：最大迭代数为 100，种群规模为 100，交叉概率为 0.4，变异概率为 0.1，参数 C 取值范围在 [0.01，10] 之间，σ 取值范围在 [0.01，1000] 之间。GA-SVR 模型的构建、编程以及预测等工作均在 MATLAB R2016a 软件上实现。

利用所得的最优参数 C 和 σ 对 GA-SVR 模型进行训练，然后再将 2015—2017 年数据代入模型进行预测，并将结果同 SVR 回归预测、BP 神经网络（Back Propagation Network，BPN）预测结果进行比较。本书以相对误差（Relative Error，RE）、平均误差百分比（Mean Absolute Percentage Error，MAPE）和均方差（Mean Square Error，MSE）来评价模型的预测准确性，比较结果如表 6-2 所示。三种预测算法的求解时间分别为 0.232 秒、0.242 秒和 0.244 秒。由表 6-2 和求解时间可知，相较于 SVR 和 BP 神经网络预测，GA-SVR 预测效果的 MSE 和 MAPE 值均优于前面两种预测模型，因此，GA-SVR 模型具有较好的预测性能。

将黄石港区年人均可支配收入、GDP、消费品零售总额三个解释变量的 1988—2017 年数据为样本数据，将其模糊信息粒化并进行预测。以三年为一个时间窗口，将三个解释变量模糊粒化为 Low、R、Up 三个参数。其中，Low 表示解释变量的最小值；R 表示解释变量的平均值；Up 表示解释变量的最大值。运用 MATLAB2016a 对年人均可支配收入指标进行模糊粒化，结果如图 6-2 所示。

以年人均可支配收入的 Low 值为例，运用 FIG-GA-SVR 预测模型对黄石港区年人均可支配收入的 Low 值进行预测。以 1988—2014 年数据为训练集，2015—2017 年数据为测试集。经过 20 次寻优，得到最优参数结果为 bestc = 9.9851，bestg = 0.02812，bestCVmse = 0.01245。根据参数和训练样本，运用 GA-SVR 预测模型，得到 2015—2017 时间窗口年人均可支配收入的 Low 值为 28419.79。同理，分别预测得到 2015—2017 时间窗口年人均可支配收入的 R 和 Up 值及 GDP 和消费品零售总额的 Low、R、Up 预测结果，再将三个解释变量代入所构建的 GA-SVR 模型预测人均城市生活垃圾产生量，结果如表 6-3 所示。

表 6-2 黄石港区人均生活垃圾产生量预测结果比较

年份	真实值	GA-SVR	RE	SVR	RE	BPN	RE
2015	376.96	377.0	0.01%	345.60	8.3%	343.01	9%
2016	371.21	386.75	4.2%	325.46	12.3%	341.78	7.9%
2017	389.16	382.0	1.8%	300.98	22.7%	341.13	12.3%
		R^2 = 0.9845 MSE = 5.7034 MAPE = 2.01226		R^2 = 0.8376 MSE = 34.7247 MAPE = 14.43427		R^2 = 0.8965 MSE = 32.8847 MAPE = 9.758785	

6.2 黄石中心城区城市生活垃圾产生量的分布预测

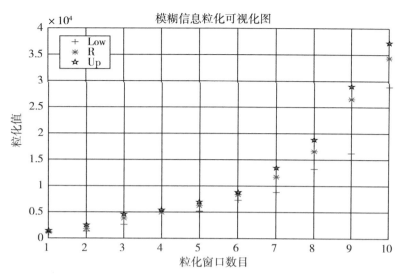

图 6-2 黄石港区年人均可支配收入模糊粒化结果

表 6-3　　　　　　　　黄石港区人均城市生活垃圾产生量预测数据

变量名称	时间	实际值	预测区间值
年人均可支配收入（元）	2015	31610	[28419.79，35422.98，39744.56]
	2016	34332	
	2017	37295	
GDP(亿元)	2015	158.96	[126.55，170.17，216.84]
	2016	171.23	
	2017	194.14	
消费品零售总额(亿元)	2015	124.32	[123.19，138.88，191.88]
	2016	137.07	
	2017	153.7	
人均城市生活垃圾产生量(千克/年)	2015	376.96	[348.64，377.52，401.99]
	2016	371.21	
	2017	389.16	

由表 6-3 可知，人均城市生活垃圾产生量的实际值均在预测区间值内，并且最低值和最高值的预测误差分别为 7.5% 和 3.3%，因此，FIG-GA-SVR 模型的预测效果较好。同理，对未来三个时间窗口进行预测，得到解释变量的区间预测值，如表 6-4 所示。

表 6-4　　　　　　　解释变量未来三个时间窗口的区间预测

解释变量	时间窗口	时间	预测区间值
年人均可支配收入（元）	T1	2018	[34040.67, 44270.76, 48735.34]
		2019	
		2020	
	T2	2021	[45081.56, 55202.37, 60100.91]
		2022	
		2023	
	T3	2024	[54415.15, 65838.05, 71351.27]
		2025	
		2026	
GDP（亿元）	T1	2018	[191.65, 219.13, 246.04]
		2019	
		2020	
	T2	2021	[241.69, 271.54, 294.73]
		2022	
		2023	
	T3	2024	[290.70, 321.98, 336.60]
		2025	
		2026	
消费品零售总额（亿元）	T1	2018	[130.94, 169.48, 205.47]
		2019	
		2020	
	T2	2021	[181.34, 224.56, 253.35]
		2022	
		2023	
	T3	2024	[235.12, 271.44, 314.92]
		2025	
		2026	

先将表 6-4 中三个解释变量的 Low 和 Up 值分别同表 6-1 的对应数据进行归一化，然后运用 GA-SVR 回归模型对未来三个时间窗口的人均生活垃圾产生量进行滚动预测，结果如

表 6-5 所示。

表 6-5　黄石港区未来三个时间窗口的人均城市生活垃圾产生量预测值

时间窗口	T1			T2			T3		
	2018	2019	2020	2021	2022	2023	2024	2025	2026
人均城市生活垃圾产生量(千克/人·年)	[440.15, 486.75]			[461.54, 553.32]			[493.46, 659.73]		

同理可得西塞山区和下陆区未来三个时间窗口的人均城市生活垃圾产生量，如表 6-6 和表 6-7 所示。

表 6-6　西塞山区未来三个时间窗口的人均城市生活垃圾产生量区间预测

时间窗口	T1			T2			T3		
	2018	2019	2020	2021	2022	2023	2024	2025	2026
人均城市生活垃圾产生量(千克/人·年)	[417.67, 436.36]			[426.13, 448.31]			[435.99, 458.69]		

表 6-7　下陆区未来三个时间窗口的人均城市生活垃圾产生量区间预测

时间窗口	T1			T2			T3		
	2018	2019	2020	2021	2022	2023	2024	2025	2026
人均城市生活垃圾产生量(千克/人·年)	[450.29, 493.78]			[474.99, 544.49]			[511.65, 644.89]		

6.2.4　城市生活垃圾产生量的分布预测

黄石中心城区包括黄石港区、西塞山区和下陆区三个行政区，这三个行政区共辖 76 个社区，其中黄石港区辖 30 个社区，西塞山区辖 19 个社区，下陆区辖 27 个社区，各个社区的经纬度坐标及 2017 年人口如表 6-8 所示。本节以黄石中心城区的社区为垃圾收集点，预测黄石中心城区城市生活垃圾产生量分布情况。

表 6-8　**2017 年黄石市三个行政区域各个社区的经纬度坐标及人口数量**

行政区	社区名称	经度	纬度	人口数量(人/年)
黄石港区	湖滨路社区	115.0836	30.2113	6143
	天桥社区	115.0975	30.2098	10870

续表

行政区	社区名称	经度	纬度	人口数量(人/年)
黄石港区	文化宫社区	115.0901	30.2136	11977
	钟楼社区	115.0926	30.2075	10850
	亚光新村社区	115.0781	30.2167	6823
	天方社区	115.0523	30.2422	7204
	胜阳港社区	115.0924	30.2109	9734
	建村社区	115.0814	30.2146	10327
	南京路社区	115.0926	30.2126	9909
	延安岭社区	115.0531	30.2340	6006
	锁前社区	115.0360	30.2439	3222
	花湖社区	115.0444	30.2430	9179
	大码头社区	115.0509	30.2460	3527
	天虹社区	115.0537	30.2466	8200
	凤凰山社区	115.0556	30.2218	2689
	覆盆山社区	115.0707	30.2296	9420
	黄印村社区	115.0589	30.2382	11654
	老虎头社区	115.0484	30.2385	10370
	青山湖社区	115.0664	30.2358	9674
	大桥社区	115.0670	30.2432	9066
	纺织社区	115.0625	30.2377	10295
	桂花湾社区	115.0594	30.2245	6518
	新闸社区	115.0669	30.2525	3451
	王家里社区	115.0749	30.2261	8031
	师院社区	115.0697	30.2264	6610
	沈家营社区	115.0731	30.2304	6032
	南岳社区	115.0700	30.2200	7188
	黄石港社区	115.0693	30.2399	12470
	红旗桥社区	115.0805	30.2192	12300
	楠竹林社区	115.0341	30.2209	6331
西塞山区	八泉社区	115.0982	30.2054	11483
	临江社区	115.1070	30.2013	14212
	牧羊湖社区	115.0732	30.1949	15874
	新建区社区	115.1238	30.1990	11306

续表

行政区	社区名称	经度	纬度	人口数量(人/年)
西塞山区	田园社区	115.1392	30.1994	15268
	和平街社区	115.0984	30.2043	16069
	叶家塘社区	115.1179	30.2039	12363
	八卦嘴社区	115.0744	30.1982	11290
	石料山社区	115.0656	30.1970	15381
	十五冶社区	115.0803	30.1986	10087
	花园路社区	115.0700	30.1936	13221
	飞云社区	115.1090	30.2037	12413
	大智路社区	115.0870	30.2063	13573
	磁湖社区	115.0820	30.2067	15062
	陈家湾社区	115.0863	30.2026	13700
	澄月社区	115.0751	30.2031	13408
	黄思湾社区	115.1324	30.1947	13452
	月亮山社区	115.0924	30.2001	13797
	马家嘴社区	115.1569	30.1991	10984
下陆区	肖家铺社区	115.0119	30.2036	2345
	袁家畈社区	115.0063	30.1965	1415
	团结社区	114.9842	30.1808	4958
	友谊社区	114.9469	30.1761	7752
	石榴园社区	115.0237	30.1972	6744
	胜利社区	114.9718	30.1729	7626
	神牛社区	114.9663	30.1765	9157
	马鞍山社区	115.0277	30.2204	5237
	陆家铺社区	114.9658	30.1750	3500
	柯尔山社区	115.0349	30.1934	9530
	江洋社区	114.9820	30.2089	1058
	箭楼下社区	115.0201	30.1881	3218
	皇姑岭社区	115.0222	30.2133	22800
	陈百臻社区	114.9999	30.1861	2724

续表

行政区	社区名称	经度	纬度	人口数量(人/年)
下陆区	杭州东路社区	115.0324	30.1853	2860
	大塘社区	114.9468	30.1769	8939
	老鹳庙社区	114.9938	30.1878	2618
	长乐山社区	114.9280	30.1708	2040
	铜都社区	114.9535	30.1722	10835
	孔雀苑社区	114.9527	30.1760	10173
	铜花社区	114.9598	30.1686	11183
	康宁社区	114.9788	30.1796	10018
	青龙山社区	115.0316	30.2018	19984
	詹本六社区	114.9577	30.1755	2168
	西花苑社区	114.9482	30.1688	9287
	詹爱宇社区	114.9475	30.1764	4056
	官塘社区	114.9394	30.1867	1375

数据来源：根据《黄石市统计年鉴》及调研所得。

6.2.4.1 各个社区的人口数量预测

由于各个行政区域的经济发展情况不同，人口增长比率也不同。本节采用 ARIMA 模型对三个行政区域的人口进行预测，再分别计算三个时间窗口的人口增长率。三个行政区的人口数据如表6-9所示。

表6-9　　　　　　　　　　三个行政区的人口数据

年份	人口数量(万人)		
	黄石港区	西塞山区	下陆区
1988	14.03	16.31	8.36
1989	14.45	17.9	8.52
1990	15.32	18.15	9.10
1991	16.55	18.38	8.78
1992	17.8	18.58	8.82
1993	18.87	18.84	9.01

6.2 黄石中心城区城市生活垃圾产生量的分布预测

续表

年份	人口数量(万人)		
	黄石港区	西塞山区	下陆区
1994	18.87	20.66	8.98
1995	18.91	20.95	9.02
1996	18.92	21.36	9.07
1997	19	21.8	10.10
1998	19	22	10.30
1999	19.3	19.2	10.50
2000	18.54	19.5	10.76
2001	18.65	19.8	10.83
2002	18.76	20.1	10.89
2003	17.75	20.5	10.95
2004	17.8	20.9	11.01
2005	17.86	21.6	11.06
2006	17.93	21.77	11.10
2007	18.32	21.94	11.37
2008	18.35	22.12	11.37
2009	18.34	22.5	11.80
2010	18.17	22.3	11.09
2011	19.68	23.6	11.24
2012	21.69	23.67	14.73
2013	23.7	23.74	18.21
2014	23.72	23.76	18.24
2015	23.74	23.78	18.26
2016	23.79	23.67	18.30
2017	23.84	23.7	18.36

数据来源：根据1989—2018年《黄石统计年鉴》整理所得。

运用ARIMA模型分别对黄石港区、西塞山区、下陆区2018—2026年的人口进行预测，并计算出每个时期的人口增长率，结果如表6-10所示。由表6-10可知，西塞山区的人口呈下降趋势，主要是因为西塞山区以工业为主，居住环境同另外两个区相比较差，部分居民往其他区域迁移。而黄石港区和下陆区虽然人口增长率为正，但增幅明显放缓，这主要是因为这两个区域可供新建楼盘的土地有限，并且房价较高，使得部分居民会往城郊迁徙。

将表6-8和表6-10的人口数据结合，可得未来三个时间窗口的各个社区的年均人口数量，结果如表6-11所示。

表6-10 　　　　　　　　三个行政区的人口及人口增长率预测数据

时间窗口	年份	黄石港区		西塞山区		下陆区	
		人口数量（万人）	人口增长率	人口数量（万人）	人口增长率	人口数量（万人）	人口增长率
T1	2018	23.89	2.09%	23.95	1.06%	18.91	2.98%
	2019	23.94		24.21		19.47	
	2020	23.99		24.46		20.05	
T2	2021	24.04	2.08%	24.72	1.04%	20.64	2.97%
	2022	24.09		24.97		21.26	
	2023	24.14		25.23		21.89	
T3	2024	24.19	2.07%	25.48	0.99%	22.54	2.97%
	2025	24.24		25.74		23.21	
	2026	24.29		25.99		23.9	

表6-11 　　　　　　　　未来三个时间窗口各社区年均人口数量预测值

行政区	社区名称	人口数量(人/年)		
		T1	T2	T3
黄石港区	湖滨路社区	6403	6673	6954
	天桥社区	11331	11809	12304
	文化宫社区	12485	13011	13557
	钟楼社区	11310	11787	12282
	亚光新村社区	7112	7412	7723
	天方社区	7509	7826	8155
	胜阳港社区	10147	10575	11018
	建村社区	10765	11219	11690

6.2 黄石中心城区城市生活垃圾产生量的分布预测

续表

行政区	社区名称	人口数量(人/年)		
		T1	T2	T3
黄石港区	南京路社区	10329	10765	11217
	延安岭社区	6261	6525	6799
	锁前社区	3359	3500	3647
	花湖社区	9568	9972	10390
	大码头社区	3676	3832	3992
	天虹社区	8548	8908	9282
	凤凰山社区	2803	2921	3044
	覆盆山社区	9819	10233	10663
	黄印村社区	12148	12660	13192
	老虎头社区	10810	11265	11738
	青山湖社区	10084	10509	10951
	大桥社区	9450	9849	10262
	纺织社区	10731	11184	11653
	桂花湾社区	6794	7081	7378
	新闸社区	3597	3749	3906
	王家里社区	8371	8725	9091
	师院社区	6890	7181	7482
	沈家营社区	6288	6553	6828
	南岳社区	7493	7809	8136
	黄石港社区	12999	13547	14115
	红旗桥社区	12821	13362	13923
	楠竹林社区	6599	6878	7166
西塞山区	八泉社区	11728	11974	12212
	临江社区	14515	14819	15115
	新建区社区	11547	11789	12024
	田园社区	15594	15921	16238
	和平街社区	16412	16756	17090
	叶家塘社区	12627	12891	13148

续表

行政区	社区名称	人口数量(人/年)		
		T1	T2	T3
西塞山区	八卦嘴社区	11531	11773	12007
	石料山社区	15709	16038	16358
	十五冶社区	10302	10518	10728
	花园路社区	13503	13786	14061
	飞云社区	12678	12944	13202
	大智路社区	13863	14153	14435
	磁湖社区	15384	15706	16019
	陈家湾社区	13992	14286	14570
	澄月社区	13694	13981	14260
	黄思湾社区	13739	14027	14307
	月亮山社区	14092	14387	14673
	马家嘴社区	11219	11453	11682
下陆区	肖家铺社区	2488	2638	2798
	袁家畈社区	1501	1592	1688
	团结社区	5259	5578	5916
	友谊社区	8223	8721	9250
	石榴园社区	7154	7587	8047
	胜利社区	8090	8580	9100
	神牛社区	9714	10302	10926
	马鞍山社区	5555	5892	6249
	陆家铺社区	3713	3938	4176
	柯尔山社区	10109	10722	11371
	江洋社区	1122	1190	1262
	箭楼下社区	3414	3620	3840
	皇姑岭社区	24186	25651	27205
	陈百臻社区	2890	3065	3250
	杭州东路社区	3034	3218	3413
	大塘社区	9482	10057	10666

续表

行政区	社区名称	人口数量(人/年)		
		T1	T2	T3
下陆区	老鹳庙社区	2777	2945	3124
	长乐山社区	2164	2295	2434
	铜都社区	11494	12190	12929
	孔雀苑社区	10791	11445	12139
	铜花社区	11863	12582	13344
	康宁社区	10627	11271	11954
	青龙山社区	21199	22483	23845
	詹本六社区	2300	2439	2587
	西花苑社区	9852	10448	11081
	詹爱宇社区	4303	4563	4840
	官塘社区	1459	1547	1641

6.2.4.2 城市生活垃圾产生量分布预测

将表6-5、表6-6、表6-7和表6-11数据结合，可得未来三个时间窗口黄石中心城区城市生活垃圾产生量分布预测情况，如表6-12所示。

表6-12　　　未来三个时间窗口黄石中心城区城市生活垃圾分布预测值　　　(吨/年)

行政区	社区名称	T1		T2		T3	
		下限(L)	上限(U)	下限(L)	上限(U)	下限(L)	上限(U)
黄石港区	湖滨路社区	2818.45	2877.07	2936.91	2998.00	2937.33	2998.13
	天桥社区	4987.22	5090.95	5196.85	5304.94	5197.58	5305.17
	文化宫社区	5495.12	5609.42	5726.09	5845.20	5726.90	5845.45
	钟楼社区	4978.04	5081.59	5187.29	5295.18	5188.02	5295.41
	亚光新村社区	3130.43	3195.55	3262.01	3329.86	3262.47	3330.01
	天方社区	3305.24	3373.99	3444.17	3515.80	3444.65	3515.96
	胜阳港社区	4466.02	4558.91	4653.74	4750.53	4654.39	4750.74
	建村社区	4738.09	4836.64	4937.24	5039.94	4937.94	5040.16
	南京路社区	4546.31	4640.87	4737.40	4835.94	4738.07	4836.15

续表

行政区	社区名称	T1 下限(L)	T1 上限(U)	T2 下限(L)	T2 上限(U)	T3 下限(L)	T3 上限(U)
黄石港区	延安岭社区	2755.59	2812.90	2871.41	2931.14	2871.82	2931.27
	锁前社区	1478.27	1509.02	1540.41	1572.45	1540.63	1572.52
	花湖社区	4211.38	4298.98	4388.40	4479.67	4389.02	4479.87
	大码头社区	1618.21	1651.87	1686.23	1721.30	1686.46	1721.37
	天虹社区	3762.21	3840.46	3920.34	4001.89	3920.90	4002.06
	凤凰山社区	1233.73	1259.39	1285.59	1312.33	1285.77	1312.38
	覆盆山社区	4321.95	4411.85	4503.62	4597.29	4504.25	4597.49
	黄印村社区	5346.92	5458.14	5571.67	5687.56	5572.46	5687.81
	老虎头社区	4757.82	4856.78	4957.80	5060.92	4958.50	5061.14
	青山湖社区	4438.49	4530.81	4625.05	4721.25	4625.70	4721.46
	大桥社区	4159.53	4246.05	4334.37	4424.53	4334.98	4424.72
	纺织社区	4723.41	4821.65	4921.94	5024.32	4922.64	5024.54
	桂花湾社区	2990.50	3052.70	3116.20	3181.01	3116.64	3181.15
	新闸社区	1583.34	1616.27	1649.89	1684.21	1650.12	1684.28
	王家里社区	3684.67	3761.31	3839.55	3919.41	3840.09	3919.58
	师院社区	3032.71	3095.79	3160.18	3225.91	3160.63	3226.05
	沈家营社区	2767.52	2825.08	2883.84	2943.83	2884.25	2943.96
	南岳社区	3297.90	3366.49	3436.52	3508.00	3437.00	3508.15
	黄石港社区	5721.31	5840.31	5961.79	6085.80	5962.63	6086.06
	红旗桥社区	5643.31	5760.69	5880.52	6002.83	5881.35	6003.09
	楠竹林社区	2904.70	2965.12	3026.79	3089.75	3027.22	3089.88
西塞山区	八泉社区	4898.50	4949.45	5000.92	5052.93	5001.10	5050.61
	临江社区	6062.66	6125.71	6189.42	6253.79	6189.64	6250.92
	牧羊湖社区	6771.65	6842.07	6913.23	6985.13	6913.48	6981.92
	新建区社区	4823.00	4873.16	4923.84	4975.04	4924.01	4972.76
	田园社区	6513.14	6580.87	6649.31	6718.47	6649.55	6715.38
	叶家塘社区	5273.90	5328.75	5384.17	5440.16	5384.36	5437.66
	八卦嘴社区	4816.17	4866.26	4916.87	4968.00	4917.04	4965.72
	石料山社区	6561.34	6629.58	6698.53	6768.19	6698.76	6765.08

6.2 黄石中心城区城市生活垃圾产生量的分布预测

续表

行政区	社区名称	T1		T2		T3	
		下限(L)	上限(U)	下限(L)	上限(U)	下限(L)	上限(U)
西塞山区	十五冶社区	4302.99	4347.74	4392.95	4438.64	4393.11	4436.60
	花园路社区	5639.91	5698.57	5757.83	5817.71	5758.04	5815.04
	飞云社区	5295.23	5350.30	5405.94	5462.16	5406.14	5459.66
	大智路社区	5790.07	5850.29	5911.13	5972.61	5911.34	5969.86
	磁湖社区	6425.26	6492.08	6559.60	6627.82	6559.83	6624.78
	陈家湾社区	5844.25	5905.03	5966.44	6028.49	5966.65	6025.72
	澄月社区	5719.68	5779.17	5839.27	5900.00	5839.48	5897.29
	黄思湾社区	5738.45	5798.13	5858.43	5919.36	5858.64	5916.64
	月亮山社区	5885.63	5946.84	6008.68	6071.17	6008.90	6068.39
	马家嘴社区	4685.64	4734.37	4783.60	4833.35	4783.77	4831.13
下陆区	肖家铺社区	1120.12	1153.39	1187.65	1222.92	1187.99	1223.27
	袁家畈社区	675.90	695.97	716.64	737.92	716.84	738.13
	团结社区	2368.26	2438.60	2511.02	2585.60	2511.74	2586.34
	友谊社区	3702.85	3812.83	3926.07	4042.67	3927.19	4043.83
	石榴园社区	3221.37	3317.04	3415.56	3517.00	3416.54	3518.01
	胜利社区	3642.67	3750.86	3862.26	3976.97	3863.36	3978.10
	神牛社区	4373.97	4503.88	4637.65	4775.38	4638.97	4776.75
	马鞍山社区	2501.53	2575.82	2652.33	2731.10	2653.08	2731.88
	陆家铺社区	1671.83	1721.48	1772.61	1825.25	1773.11	1825.77
	柯尔山社区	4552.14	4687.34	4826.55	4969.90	4827.93	4971.32
	江洋社区	505.37	520.38	535.83	551.75	535.99	551.91
	箭楼下社区	1537.12	1582.78	1629.79	1678.19	1630.25	1678.67
	皇姑岭社区	10890.75	11214.20	11547.27	11890.22	11550.56	11893.61
	陈百臻社区	1301.16	1339.80	1379.59	1420.57	1379.99	1420.97
	杭州东路社区	1366.12	1406.69	1448.47	1491.49	1448.89	1491.92
	大塘社区	4269.84	4396.66	4527.24	4661.70	4528.53	4663.03
	老鹳庙社区	1250.53	1287.67	1325.91	1365.29	1326.29	1365.68
	长乐山社区	974.44	1003.38	1033.18	1063.86	1033.47	1064.17
	铜都社区	5175.49	5329.21	5487.48	5650.46	5489.05	5652.08

续表

行政区	社区名称	T1		T2		T3	
		下限(L)	上限(U)	下限(L)	上限(U)	下限(L)	上限(U)
下陆区	孔雀苑社区	4859.28	5003.60	5152.21	5305.23	5153.68	5306.74
	铜花社区	5341.72	5500.37	5663.73	5831.94	5665.35	5833.61
	康宁社区	4785.24	4927.36	5073.71	5224.40	5075.16	5225.89
	青龙山社区	9545.65	9829.15	10121.08	10421.67	10123.97	10424.65
	詹本六社区	1035.58	1066.33	1098.00	1130.61	1098.32	1130.94
	西花苑社区	4436.07	4567.82	4703.49	4843.18	4704.83	4844.56
	詹爱宇社区	1937.41	1994.95	2054.20	2115.21	2054.78	2115.81
	官塘社区	656.79	676.30	696.38	717.06	696.58	717.27

将表6-12中各个社区的垃圾产生量预测值以及经纬度坐标代入ArcGIS10.4.1中，运用克里金插值法，得到各个时期的城市生活垃圾分布情况，如图6-3所示。根据图6-3，不难发现黄石中心城区的皇姑岭社区、青龙山社区在未来三个时间窗口的垃圾分布最多，而长乐山社区、官塘社区、江洋社区则分布最少。主要因为皇姑岭社区、青龙山社区的人口密度较高，而另外三个社区的人口数相对较少。

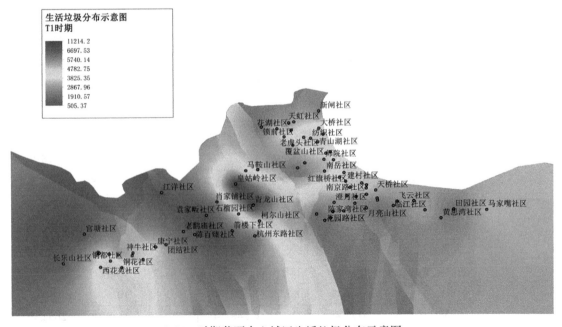

(a) T1时期黄石中心城区生活垃圾分布示意图

6.2 黄石中心城区城市生活垃圾产生量的分布预测

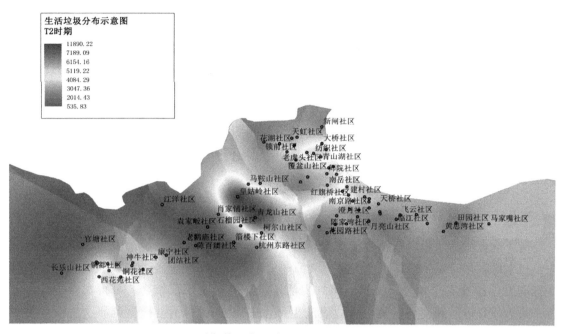

(b) T2 时期黄石中心城区生活垃圾分布示意图

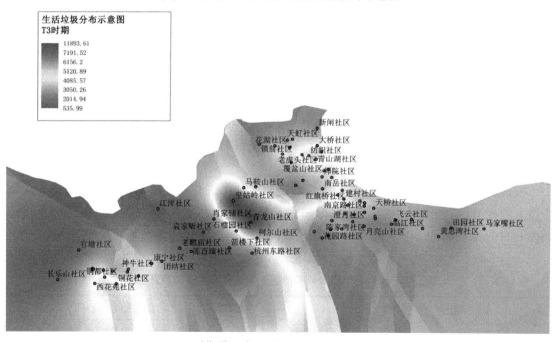

(c) T3 时期黄石中心城区生活垃圾分布示意图

图 6-3 黄石中心城区三个时期生活垃圾分布示意图

6.3 黄石中心城区城市生活垃圾中转站及垃圾处置厂的两阶段选址分析

在本节中，将对所构建的生活垃圾中转站和垃圾处置厂两阶段选址模型进行应用分析，以验证该模型的可行性和科学性。本节将应用遗传算法和枚举法对所构建两阶段选址模型进行求解。

6.3.1 参数设置

为了确保生活垃圾中转站容量规模能够满足每年的垃圾产生量，因此，在选址研究中，仅考虑各个时期生活垃圾产生量预测值的上限。将表6-8中各个垃圾收集点的经纬度坐标同表6-12中各个垃圾收集点的年均生活垃圾产生量上限值结合，可得黄石中心城区各个垃圾收集点经纬度坐标及生活垃圾产生量，如表6-13所示。根据调研，生活垃圾中转站备选地址经纬度坐标如表6-14所示。根据中华人民共和国住房和城乡建设部颁布的《生活垃圾转运站技术规范》(编号CJJ/T47—2016)[1]，可得生活垃圾中转站的建设规模，如表6-15所示。黄石中心城区的生活垃圾，主要依靠专业的垃圾收运车进行收运。生活垃圾每天都需要收运。假定每个垃圾收集点仅被一辆垃圾收运车收运，该垃圾收运车由垃圾中转站出发，最后再回到垃圾中转站。再假定垃圾运输车辆每次运输的生活垃圾量一定，工人工资、车辆折旧和维护费用一定，运输成本仅依赖于运输距离，燃油的消耗主要和运输距离相关，则运输成本=单位距离燃油费用×运输距离。以20吨垃圾压缩运输车作为生活垃圾运输工具，百公里油耗为28L/100km，目前0#柴油价格为6.76元/L，因此单位运输成本约为0.1元/km·吨。

根据黄石城市规划，生活垃圾处置厂均建造在各个工业园区内，因此备选地址为黄石所设立的各个工业园区，其经纬度坐标如表6-16所示。垃圾衍生物处置厂的经纬度坐标如表6-17所示。

表6-13 黄石中心城区各个垃圾收集点经纬度坐标及生活垃圾产生量

序号	社区名称	经度	纬度	垃圾产生量(吨/年)		
				T1(U)	T2(U)	T3(U)
1	湖滨路社区	115.08	30.21	2877.07	2998	2998.13

---

[1] 中华人民共和国住房和城乡建设部. 住房和城乡建设部关于发布行业标准《生活垃圾转运站技术规范》的公告[EB/OL]. http://www.mohurd.gov.cn/wjfb/201607/t20160715_228156.html, 2016-6-14.

6.3 黄石中心城区城市生活垃圾中转站及垃圾处置厂的两阶段选址分析

续表

序号	社区名称	经度	纬度	垃圾产生量(吨/年)		
				T1(U)	T2(U)	T3(U)
2	天桥社区	115.1	30.21	5090.95	5304.94	5305.17
3	文化宫社区	115.09	30.21	5609.42	5845.2	5845.45
4	钟楼社区	115.09	30.21	5081.59	5295.18	5295.41
5	亚光新村社区	115.08	30.22	3195.55	3329.86	3330.01
6	天方社区	115.05	30.24	3373.99	3515.8	3515.96
7	胜阳港社区	115.09	30.21	4558.91	4750.53	4750.74
8	建村社区	115.08	30.21	4836.64	5039.94	5040.16
9	南京路社区	115.09	30.21	4640.87	4835.94	4836.15
10	延安岭社区	115.05	30.23	2812.9	2931.14	2931.27
11	锁前社区	115.04	30.24	1509.02	1572.45	1572.52
12	花湖社区	115.04	30.24	4298.98	4479.67	4479.87
13	大码头社区	115.05	30.25	1651.87	1721.3	1721.37
14	天虹社区	115.05	30.25	3840.46	4001.89	4002.06
15	凤凰山社区	115.06	30.22	1259.39	1312.33	1312.38
16	覆盆山社区	115.07	30.23	4411.85	4597.29	4597.49
17	黄印村社区	115.06	30.24	5458.14	5687.56	5687.81
18	老虎头社区	115.05	30.24	4856.78	5060.92	5061.14
19	青山湖社区	115.07	30.23	4530.81	4721.25	4721.46
20	大桥社区	115.06	30.24	4246.05	4424.53	4424.72
21	纺织社区	115.06	30.24	4821.65	5024.32	5024.54
22	桂花湾社区	115.06	30.22	3052.7	3181.01	3181.15
23	新闸社区	115.07	30.25	1616.27	1684.21	1684.28
24	王家里社区	115.07	30.22	3761.31	3919.41	3919.58
25	师院社区	115.07	30.23	3095.79	3225.91	3226.05
26	沈家营社区	115.08	30.23	2825.08	2943.83	2943.96
27	南岳社区	115.07	30.22	3366.49	3508	3508.15
28	黄石港社区	115.07	30.24	5840.31	6085.8	6086.06
29	红旗桥社区	115.08	30.22	5760.69	6002.83	6003.09
30	楠竹林社区	115.03	30.21	2965.12	3089.75	3089.88
31	八泉社区	115.1	30.21	4949.45	5052.93	5050.61

续表

序号	社区名称	经度	纬度	垃圾产生量(吨/年)		
				T1(U)	T2(U)	T3(U)
32	临江社区	115.11	30.21	6125.71	6253.79	6250.92
33	牧羊湖社区	115.07	30.19	6842.07	6985.13	6981.92
34	新建区社区	115.12	30.2	4873.16	4975.04	4972.76
35	田园社区	115.14	30.2	6580.87	6718.47	6715.38
36	和平街社区	115.1	30.2	6926.12	7070.93	7067.69
37	叶家塘社区	115.12	30.2	5328.75	5440.16	5437.66
38	八卦嘴社区	115.07	30.2	4866.26	4968	4965.72
39	石料山社区	115.07	30.2	6629.58	6768.19	6765.08
40	十五冶社区	115.07	30.2	4347.74	4438.64	4436.6
41	花园路社区	115.07	30.2	5698.57	5817.71	5815.04
42	飞云社区	115.11	30.2	5350.3	5462.16	5459.66
43	大智路社区	115.09	30.2	5850.29	5972.61	5969.86
44	磁湖社区	115.08	30.2	6492.08	6627.82	6624.78
45	陈家湾社区	115.08	30.19	5905.03	6028.49	6025.72
46	澄月社区	115.08	30.2	5779.17	5900	5897.29
47	月亮山社区	115.09	30.2	5946.84	6071.17	6068.39
48	马家嘴社区	115.16	30.2	4734.37	4833.35	4831.13
49	肖家铺社区	115.01	30.2	1153.39	1222.92	1223.27
50	袁家畈社区	115.01	30.2	695.97	737.92	738.13
51	团结社区	114.98	30.18	2438.6	2585.6	2586.34
52	友谊社区	114.95	30.18	3812.83	4042.67	4043.83
53	石榴园社区	115.02	30.2	3317.04	3517	3518.01
54	胜利社区	114.97	30.17	3750.86	3976.97	3978.1
55	神牛社区	114.97	30.18	4503.88	4775.38	4776.75
56	马鞍山社区	115.03	30.22	2575.82	2731.1	2731.88
57	陆家铺社区	114.97	30.17	1721.48	1825.25	1825.77
58	柯尔山社区	115.03	30.19	4687.34	4969.9	4971.32
59	江洋社区	114.98	30.21	520.38	551.75	551.91
60	箭楼下社区	115.03	30.19	1582.78	1678.19	1678.67
61	皇姑岭社区	115.02	30.21	11214.2	11890.22	11893.61

6.3 黄石中心城区城市生活垃圾中转站及垃圾处置厂的两阶段选址分析

续表

序号	社区名称	经度	纬度	垃圾产生量(吨/年)		
				T1(U)	T2(U)	T3(U)
62	陈百臻社区	115	30.19	1339.8	1420.57	1420.97
63	杭州东路社区	115.09	30.21	1406.69	1491.49	1491.92
64	大塘社区	114.98	30.18	4396.66	4661.7	4663.03
65	老鹳庙社区	114.99	30.19	1287.67	1365.29	1365.68
66	长乐山社区	114.95	30.16	1003.38	1063.86	1064.17
67	铜都社区	114.95345	30.172198	5329.21	5650.46	5652.08
68	孔雀苑社区	114.95274	30.176012	5003.6	5305.23	5306.74
69	铜花社区	114.95977	30.168623	5500.37	5831.94	5833.61
70	康宁社区	114.97883	30.179591	4927.36	5224.4	5225.89
71	青龙山社区	115.03165	30.201812	9829.15	10421.67	10424.65
72	詹本六社区	114.95767	30.175474	1066.33	1130.61	1130.94
73	西花苑社区	114.94823	30.168805	4567.82	4843.18	4844.56
74	詹爱宇社区	114.94753	30.176404	1994.95	2115.21	2115.81
75	官塘社区	114.93945	30.186657	676.3	717.06	717.27

表 6-14 **生活垃圾中转站备选地址经纬度坐标**

备选地址序号	经度	纬度
1	115.0949	30.2044
2	115.0961	30.2048
3	115.1026	30.2078
4	115.1044	30.2066
5	115.1145	30.2057
6	115.1189	30.2038
7	115.1212	30.2026
8	115.1259	30.1991
9	115.1286	30.1986
10	115.1301	30.1985
11	115.1352	30.2001
12	115.1429	30.1987
13	115.1586	30.1992

续表

备选地址序号	经度	纬度
14	115.0795	30.2007
15	115.0677	30.1961
16	115.0592	30.1909
17	115.0251	30.1786
18	115.0093	30.1808
19	114.9889	30.1793
20	114.9695	30.1766
21	114.9357	30.1663
22	114.9424	30.1831
23	114.9632	30.1745
24	114.9761	30.1991
25	114.9953	30.2078
26	115.0079	30.1964
27	115.0149	30.1869
28	115.0411	30.1905
29	115.0474	30.2514
30	115.0826	30.2217
31	115.0589	30.2186
32	115.0626	30.2324
33	115.0467	30.2319
34	115.0664	30.1951
35	115.0871	30.2021
36	115.1071	30.2001
37	115.1327	30.1948
38	114.9737	30.1759
39	114.9499	30.1712
40	114.9909	30.1964
41	115.0226	30.2071
42	115.0219	30.1849
43	115.0893	30.2104
44	114.9456	30.1798

数据来源：根据调研统计所得。

6.3 黄石中心城区城市生活垃圾中转站及垃圾处置厂的两阶段选址分析

表6-15　　　　　　　　　　生活垃圾中转站建设规模相关指标及数值

类型		设计运转量 (吨/年)	运营成本 (元/吨)(VC)	建设成本 (万元)(FC)	扩建成本 (万元)(EC)	服务半径 (km)(r)
小型	V类	<18250	25	50	—	3
小型	IV类	≥18250 <54750	30	160	50	5
中型	III类	≥54750 <164250	35	300	100	8
大型	II类	≥164250 <365000	40	460	120	10
大型	I类	≥365000 <1095000	45	650	140	12

数据来源：根据《生活垃圾转运站技术规范》(编号CJJ/T47—2016)及调研所得。

表6-16　　　　　　　　　　生活垃圾处置厂备选地址经纬度坐标

备选工业园区	经度	纬度
城北工业园区	115.1913	29.8695
新港工业园	115.2708	30.1388
西塞山工业园	115.2304	30.157
长乐山工业园	114.9279	30.1707
黄金山工业园	115.0245	30.1368
大冶西北工业园	114.9434	30.1308
罗桥工业园	114.9745	30.1431
灵成工业园	114.7268	29.9927
回归工业园	114.9484	30.132
阳新安达工业园	115.1863	29.8655

数据来源：根据谷歌地图查找所得。

表6-17　　　　　　　　　　衍生物处置厂经纬度坐标

衍生物处置厂	经度	纬度
大排山飞灰填埋场	115.1839	30.1882
水泥厂(城北工业园)	114.9434	30.1308

数据来源：根据谷歌地图查找所得。

6.3.2 生活垃圾中转站及垃圾处置厂两阶段优化选址

6.3.2.1 生活垃圾中转站优化选址

本节通过 MATLAB R2016a 进行编程运算，代码运行环境如下：CPU 为 Intel Core i7 3GHzU，内存为 8GB，操作系统为 Windows 7。将表 6-13、表 6-14、表 6-15 的数据代入所编代码，对带动态容量限制的生活垃圾中转站动态选址模型进行求解。遗传算法相关参数取值如下：种群规模为 50，最大迭代次数为 200，交叉概率为 0.9，变异概率为 0.01，经过 50 次运算后，选取最优结果。选址结果如表 6-18 所示，生活垃圾中转站接收垃圾情况如表 6-19 所示，成本数据如表 6-20 所示。计算过程如图 6-4 所示，生活垃圾在各个垃圾中转站的配置情况如图 6-5 所示。

表 6-18　　　　　　　　　　　生活垃圾中转站优化选址结果

中转站选址序号	经度	纬度	服务社区序号	社区名称	设置规模	扩建决策 T1	扩建决策 T2	扩建后规模
4	115.1044	30.2066	2	天桥社区	V类	0	0	—
			31	八泉社区				
			32	临江社区				
7	115.1212	30.2026	34	新建区社区	V类	0	0	—
			37	叶家塘社区				
11	115.1352	30.2001	35	田园社区	V类	0	0	—
			47	黄思湾社区				
			49	马家嘴社区				
14	115.0795	30.2007	33	牧羊湖社区	IV类	0	0	—
			38	八卦嘴社区				
			39	石料山社区				
			40	十五冶社区				
			41	花园路社区				
			44	磁湖社区				
			45	陈家湾社区				
			46	澄月社区				

6.3 黄石中心城区城市生活垃圾中转站及垃圾处置厂的两阶段选址分析

续表

中转站选址序号	经度	纬度	服务社区序号	社区名称	设置规模	扩建决策 T1	扩建决策 T2	扩建后规模
19	114.9889	30.1793	52	团结社区	Ⅴ类	0	0	—
			65	大塘社区				
20	114.9695	30.1766	55	胜利社区	Ⅴ类	0	0	—
			56	神牛社区				
			58	陆家铺社区				
			71	康宁社区				
22	114.9424	30.1831	74	西花苑社区	Ⅴ类	0	0	—
			75	詹爱宇社区				
			76	官塘社区				
			53	友谊社区				
23	114.9632	30.1745	67	长乐山社区	Ⅴ类	1	0	Ⅳ类
			68	铜都社区				
			69	孔雀苑社区				
			70	铜花社区				
			73	詹本六社区				
27	115.0149	30.1869	50	肖家铺社区	Ⅴ类	0	0	—
			51	袁家畈社区				
			54	石榴园社区				
			62	皇姑岭社区				
28	115.0411	30.1905	59	柯尔山社区	Ⅴ类	0	0	—
			61	箭楼下社区				
			72	青龙山社区				
30	115.0826	30.2217	5	亚光新村社区	Ⅴ类	0	0	—
			26	沈家营社区				
			29	红旗桥社区				

续表

中转站选址序号	经度	纬度	服务社区序号	社区名称	设置规模	扩建决策 T1	扩建决策 T2	扩建后规模
31	115.0589	30.2186	15	凤凰山社区	V类	0	0	—
			22	桂花湾社区				
			24	王家里社区				
			27	南岳社区				
32	115.0626	30.2324	16	覆盆山社区	IV类	0	0	—
			17	黄印村社区				
			19	青山湖社区				
			20	大桥社区				
			21	纺织社区				
			23	新闸社区				
			25	师院社区				
			28	黄石港社区				
33	115.0467	30.2319	6	天方社区	IV类	0	0	—
			10	延安岭社区				
			11	锁前社区				
			12	花湖社区				
			13	大码头社区				
			14	天虹社区				
			18	老虎头社区				
			30	楠竹林社区				
			57	马鞍山社区				
35	115.0871	30.2021	43	大智路社区	V类	0	0	—
			48	月亮山社区				
36	115.1071	30.2001	36	和平街社区	V类	0	0	—
			42	飞云社区				
40	114.9909	30.1964	60	江洋社区	V类	0	0	—
			63	陈百臻社区				
			66	老鹳庙社区				
			3	文化宫社区				

6.3 黄石中心城区城市生活垃圾中转站及垃圾处置厂的两阶段选址分析

续表

中转站选址序号	经度	纬度	服务社区序号	社区名称	设置规模	扩建决策 T1	扩建决策 T2	扩建后规模
43	115.0893	30.2104	1	湖滨路社区	Ⅳ类	0	0	—
			3	文化宫社区				
			4	钟楼社区				
			7	胜阳港社区				
			8	建村社区				
			9	南京路社区				
			64	杭州东路社区				

表6-19　　　　　　　　生活垃圾中转站年均接收生活垃圾情况　　　　　　　（单位：吨）

中转站序号	T1		T2		T3	
	下限(L)	上限(U)	下限(L)	下限(L)	上限(U)	下限(L)
4	15948.38	16166.11	16387.19	16611.66	16388.32	16606.7
7	10096.9	10201.91	10308.01	10415.2	10308.37	10410.42
11	16937.23	17113.37	17291.34	17471.18	17291.96	17463.15
14	46081.25	46560.5	47044.72	47533.98	47046.39	47512.15
19	6638.1	6835.26	7038.26	7247.3	7040.27	7249.37
20	14473.71	14903.58	15346.23	15802	15350.6	15806.51
22	10733.12	11051.9	11380.14	11718.12	11383.38	11721.47
23	17386.51	17902.89	18434.6	18982.1	18439.87	18987.54
27	15908.14	16380.6	16867.12	17368.06	16871.93	17373.02
28	15634.91	16099.27	16577.42	17069.76	16582.15	17074.64
30	11541.26	11781.32	12026.37	12276.52	12028.07	12277.06
31	11206.8	11439.89	11677.86	11920.75	11679.5	11921.26
32	33327.66	34020.87	34728.51	35450.87	34733.41	35452.41
33	27294.95	27884.94	28487.88	29104.02	28492.28	29105.95
35	11675.7	11797.13	11919.81	12043.78	11920.24	12038.25
36	12150.06	12276.42	12404.09	12533.09	12404.54	12527.35
40	3057.06	3147.85	3241.33	3337.61	3242.27	3338.56

续表

中转站序号	T1		T2		T3	
	下限(L)	上限(U)	下限(L)	下限(L)	上限(U)	下限(L)
43	28408.15	29011.19	29627.14	30256.28	29631.54	30257.96
总计	308499.9	314575	320788	327142.3	320835.1	327123.8

表 6-20　　　　　　　　　生活垃圾中转站最优选址成本　　　　　　（单位：万元）

指标名称	时期	最大成本
运输成本	T1	343.41
	T2	357.78
	T3	357.78
运营成本	T1	882.76
	T2	927.72
	T3	927.67
建设成本	T1	1340
扩建成本	T2	50
总成本		5187.12

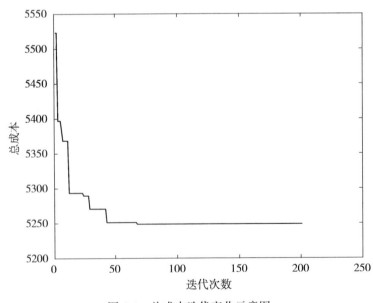

图 6-4　总成本迭代变化示意图

6.3 黄石中心城区城市生活垃圾中转站及垃圾处置厂的两阶段选址分析

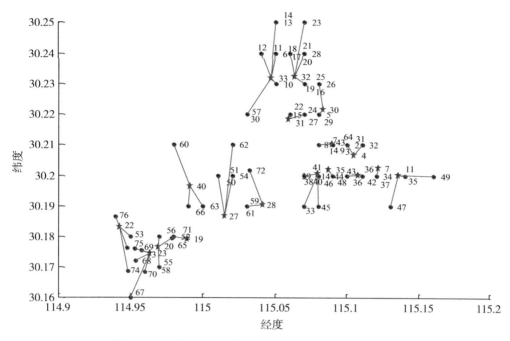

图 6-5 生活垃圾在各个生活垃圾中转站的配置示意图

6.3.2.2 生活垃圾处置厂优化选址

根据表 6-16、表 6-17 以及表 6-18 中的垃圾中转站选址经纬度坐标数据，考虑两个垃圾处置厂（垃圾焚烧发电厂和 RDF 制备厂）的选址问题。运用枚举法算得两个垃圾处置厂的选址坐标，如表 6-21 所示。由于垃圾焚烧发电厂首先进入黄石，因此优先选取黄金山工业园区设厂，而 RDF 制备厂则选取罗桥工业园设厂。本节计算得到垃圾焚烧发电厂选址同现实中的选址一致，由此可见，所构建的模型具有较强的适用性。将表 6-18 中城市生活垃圾中转站经纬度坐标和表 6-21 生活垃圾处置厂经纬度坐标代入 ArcGIS 软件中，可得城市生活垃圾中转站及垃圾处置厂分布情况，如图 6-6 所示

表 6-21 生活垃圾处置厂选址经纬度坐标

生活垃圾处置厂	备选工业园区	经度	纬度
垃圾焚烧发电厂	黄金山工业园	115.0245	30.1368
RDF 制备厂	罗桥工业园	114.9745	30.1431

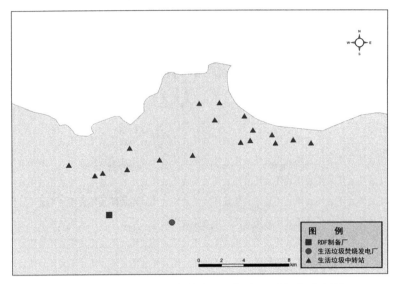

图 6-6 城市生活垃圾中转站及垃圾处置厂分布示意图

6.4 黄石中心城区城市生活垃圾两级优化配置研究

6.4.1 参数的确定

本节将研究三个时期的城市生活垃圾两级优化配置方案,每个时期的时间跨度为 3 年。两级优化配置包括两个部分:①城市生活垃圾在各个生活垃圾处置厂之间的配置;②垃圾衍生物在衍生物处置厂以及市场之间的配置。根据 6.3 节可知黄石中心城区将设立 18 个垃圾中转站,根据表 6-18 和表 6-19 可得 18 个生活垃圾中转站的经纬度坐标以及接收垃圾量,如表 6-22 所示。

本节研究的生活垃圾资源化处置技术主要为垃圾焚烧发电技术和 RDF 制备技术。依据黄石市垃圾管理办法,将大排山垃圾填埋场作为生活垃圾备用处置厂。因此,本节将考虑三种垃圾处置方式,分别为垃圾填埋、垃圾焚烧发电、RDF 制备。因此,生活垃圾中转站收运的生活垃圾将运至其中一种生活垃圾处置厂进行处置。由于本章仅考虑黄石中心城区(黄石港区、西塞山区和下陆区)的生活垃圾资源化处置问题,而垃圾焚烧发电厂和 RDF 制备厂的处置能力是针对整个黄石市生活垃圾产生量而设置,因此,依据中心城区的垃圾产生量和黄石市全市生活垃圾产生量的比例,对各个生活垃圾处置厂的处置能力进行换算,换算后的垃圾焚烧发电厂和 RDF 制备厂的处置能力如表 6-23 所示。

6.4 黄石中心城区城市生活垃圾两级优化配置研究

根据生活垃圾中转站、生活垃圾处置厂以及衍生物处置厂的选址坐标，可得各个处置主体之间的运输距离，如表6-24所示。黄石中心城区的生活垃圾的单位运输成本同6.3节中一致。

在生活垃圾衍生物处置过程中，飞灰处置需先固化再填埋，本节考虑水泥固化技术，为了便于计算，将填埋和固化费用统一计入飞灰填埋场运营成本。上述生活垃圾处置厂及衍生物处置厂三个时期内的运营成本费用如表6-25所示。

根据发改委发布的《关于完善垃圾焚烧发电价格政策的通知》，六部委发布的《关于开展水泥窑协同处置生活垃圾试点工作的通知》以及发改委对于《关于国家出台具体政策支持利用水泥窑，协同处置生活垃圾项目的建议》的答复等相关政策，生活垃圾焚烧发电以及水泥窑协同处置生活垃圾都实行财政补贴，各个补贴标准如表6-26所示。生活垃圾在垃圾中转站经过简单的压缩、压实处置后，会将部分水分和灰土垃圾隔离出来，剩余垃圾将运往各个垃圾处置厂进行处置。配置的垃圾超过所有垃圾资源化处置厂最大处置能力时，则考虑扩建。垃圾焚烧发电企业生产出的电能除了自用外，其他电能全部上网。焚烧后的残留物既可以运往水泥厂协同处置，也可以进行填埋。RDF可以作为化石燃料的替代燃料（原煤）既可以在水泥厂协同处置，也可以在市场上销售。其他相关垃圾处理指标数据如表6-27所示。

在生活垃圾处置过程中，还存在环境影响。在垃圾运输过程中会产生温室气体，温室气体排放量主要同运输距离有关。每消耗1吨柴油产生3.115吨二氧化碳当量温室气体，以20吨载重卡车作为运输工具，平均每100公里消耗柴油量为28升，0号柴油密度为0.84千克/升，则20吨载重卡车每公里运输1吨垃圾会产生0.037千克二氧化碳当量温室气体。1吨生活垃圾进行卫生填埋时，产生2.71吨二氧化碳当量温室气体。垃圾焚烧发电时，1吨生活垃圾产生0.2吨二氧化碳当量温室气体。垃圾焚烧后会产生飞灰，1吨飞灰填埋处理时，产生0.015吨的二氧化碳当量温室气体，而采用水泥窑协同处置时，首先需要对飞灰进行水洗处理，在水洗过程中产生的温室气体很小，可忽略不计。飞灰水洗到进入水泥窑协同处置过程，其温室气体排放量趋于0，因此，本节假设水泥窑处置飞灰的温室气体排放量为0。在将垃圾制作成垃圾衍生燃料时，1吨垃圾会产生0.456吨二氧化碳当量温室气体。将垃圾衍生燃料放入水泥窑协同处置，可以替代传统化石燃料，因此，可以减排1.15吨二氧化碳当量温室气体。在生活垃圾处置过程中，各个处置环节产生的温室气体排放量如表6-28所示。

在上述数据中，表6-24、表6-25和表6-26中的数据为确定性数据、表6-22、表6-23中数据为区间数。确定性数据通过相关统计资料获得；区间数据根据上下界确定其取值范围。表6-27和表6-28的数据是通过相关专业人员的经验获得的，因此均为模糊数据。对于这些模糊数据，模糊数据下限依据原数据的90%取值，模糊数据上限依据原数据的

120%取值,按照期望值排序法去模糊化,所得数据如表6-29和表6-30所示。

表6-22　　　　　　　生活垃圾中转站经纬度坐标及接收垃圾量　　　　　（单位:万吨）

编号	经度	纬度	T1		T2		T3	
			下限	上限	下限	上限	下限	上限
4	115.1044	30.2066	1.59	1.62	1.64	1.66	1.64	1.66
7	115.1212	30.2026	1.01	1.02	1.03	1.04	1.03	1.04
11	115.1352	30.2001	1.69	1.71	1.73	1.75	1.73	1.75
14	115.0795	30.2007	4.61	4.66	4.70	4.75	4.70	4.75
19	114.9889	30.1793	0.66	0.68	0.70	0.72	0.70	0.72
20	114.9695	30.1766	1.45	1.49	1.53	1.58	1.54	1.58
22	114.9424	30.1831	1.07	1.11	1.14	1.17	1.14	1.17
23	114.9632	30.1745	1.74	1.79	1.84	1.90	1.84	1.90
27	115.0149	30.1869	1.59	1.64	1.69	1.74	1.69	1.74
28	115.0411	30.1905	1.56	1.61	1.66	1.71	1.66	1.71
30	115.0826	30.2217	1.15	1.18	1.20	1.23	1.20	1.23
31	115.0589	30.2186	1.12	1.14	1.17	1.19	1.17	1.19
32	115.0626	30.2324	3.33	3.40	3.47	3.55	3.47	3.55
33	115.0467	30.2319	2.73	2.79	2.85	2.91	2.85	2.91
35	115.0871	30.2021	1.17	1.18	1.19	1.20	1.19	1.20
36	115.1071	30.2001	1.22	1.23	1.24	1.25	1.24	1.25
40	114.9909	30.1964	0.31	0.31	0.32	0.33	0.32	0.33
43	115.0893	30.2104	2.84	2.90	2.96	3.03	2.96	3.04
总计			30.84	31.46	32.06	32.71	32.07	32.75

表6-23　　　　　　　　城市生活垃圾处理厂的垃圾处理能力

生活垃圾处置单位	处置对象	处理能力	单位
黄金山垃圾焚烧发电厂 $(M_{I_n,a}, M_{I_n,b})$	城市生活垃圾	[6.34,19.04]	万吨/年
RDF制备厂 $(M_{R_q,a}, M_{R_q,b})$	城市生活垃圾	[4.74,15.87]	万吨/年

6.4 黄石中心城区城市生活垃圾两级优化配置研究

续表

生活垃圾处置单位	处置对象	处理能力	单位
水泥厂	垃圾衍生燃料（M_{C_p}）	≤32.85	万吨/年
	飞灰（$M_{C_p,F}$）	[1.58, 1.9]	万吨/年
大排山飞灰填埋场（M_{F_g}）	飞灰	≤12.045	万吨/年

数据来源：根据调研资料整理所得。

表6-24　　**垃圾处置过程中各个处置主体之间的运输距离**　　（单位：km）

起点＼终点	RDF制备厂	垃圾焚烧发电厂	大排山垃圾（飞灰）填埋场	水泥厂（城北工业园）
1号垃圾中转站(4)[1]	17.2[2]	13.1	9.5	—
2号垃圾中转站(7)	18.7	14.2	7.5	—
3号垃圾中转站(11)	20.0	15.3	5.8	—
4号垃圾中转站(14)	14.3	10.6	12.2	—
5号垃圾中转站(19)	5.1	7	22.5	—
6号垃圾中转站(20)	4.5	8.3	24.8	—
7号垃圾中转站(22)	6.5	11.3	27.9	—
8号垃圾中转站(23)	4.4	8.7	25.5	—
9号垃圾中转站(27)	7.5	6.8	19.5	—
10号垃圾中转站(28)	10.0	7.4	16.5	—
11号垃圾中转站(30)	16.3	13.2	12.5	—
12号垃圾中转站(31)	14.0	11.6	15.0	—
13号垃圾中转站(32)	15.7	13.5	15.2	—
14号垃圾中转站(33)	14.5	12.9	16.9	—
15号垃圾中转站(35)	15.2	11.3	11.3	—
16号垃圾中转站(36)	17.1	12.7	9.0	—
17号垃圾中转站(40)	7.4	8.8	22.3	—
18号垃圾中转站(43)	16.0	12.3	11.3	—
RDF制备厂	—	—	—	3.94
垃圾焚烧发电厂	—	—	19.6	9.4

注：1)括号中数字为中转站备选地址编号，2)表中距离数据通过欧式距离换算得出。

表 6-25　　三个时间窗口生活垃圾处置厂及衍生物处置厂运营成本费用

处置主体	运营成本					
	T1		T2		T3	
	下限	上限	下限	上限	下限	上限
RDF制备厂(元/吨)	135.0	137.7	140.4	143.2	146.0	148.9
垃圾焚烧发电厂(元/吨)	90	91.9	93.9	96.1	98.4	100.8
垃圾填埋场(元/吨)	89.0	90.9	92.9	95.0	97.3	99.7
飞灰填埋场(元/吨)	446.1	455	463.9	473.2	482.5	492.1
水泥窑协同处置飞灰(元/吨)	1500	1531.5	1565.2	1601.2	1639.6	1680.6

数据来源：根据调研资料，结合《黄石统计年鉴》的CPI指数推算所得。

表 6-26　　生活垃圾处置补贴标准

生活垃圾处置技术	补贴形式	补贴标准
生活垃圾焚烧发电	垃圾处理补贴(S_I^t)	150元/吨
生活垃圾焚烧发电	垃圾发电上网电价(P_I^t)	0.65元/度
水泥窑协同处置生活垃圾	垃圾处理补贴(S_{RDF}^t)	80元/吨①

数据来源：根据调研资料估算所得。

表 6-27　　生活垃圾资源化处置其他指标

生活垃圾处置主体	指标名称	指标数据
生活垃圾中转站	生活垃圾剩余比例(λ)	95%
生活垃圾焚烧发电厂	单位垃圾上网电量($E_n^t - E_{c,n}^t$)	320度/吨
	飞灰产生率(μ)	3%
	焚烧发电厂扩建能力(M_{I_nE})	20万吨
	单位扩建成本(C_{EI_n})	50万元/万吨
RDF制备厂	RDF转化率(σ)	50%
	RDF制备厂扩建能力(M_{I_nE})	20万吨
	单位扩建成本(C_{ER_z})	40万元/万吨
	RDF市场价格(P_{RDF}^t)	200元/吨

① Dai Feng, Chen Yi. Subsidy policy study based on cement enterprises co-disposing municipal solid waste in China[J]. Gummi, Fasern, Kunststoffe, 2016, 69(13): 1542-1545.

6.4 黄石中心城区城市生活垃圾两级优化配置研究

续表

生活垃圾处置主体	指标名称	指标数据
水泥厂	RDF对原煤的替代率（ν）	50%
	原煤价格（P_C^t）	600元/吨

数据来源：根据调研资料估算所得。

表6-28　　　　　　　　城市生活垃圾处置过程的温室气体排放量

排放来源	GWP（单位：t CO_2 eqv. t^{-1} MSW）
生活垃圾填埋（GWP_L）	2.71
垃圾焚烧发电（GWP_I）	0.456
垃圾衍生燃料制备（GWP_R）	0.2
飞灰填埋场（GWP_{FL}）	0.015
水泥窑处置飞灰（GWP_{FC}）	0
水泥窑协同处置RDF（GWP_C）	-1.15

数据来源：根据调研资料整理计算所得。

表6-29　　　　　　　　去模糊化的生活垃圾处置其他指标数据

生活垃圾处置主体	指标名称	指标数据
生活垃圾中转站	生活垃圾剩余比例（λ）	96.58%
生活垃圾焚烧发电	单位垃圾上网电量（$E_n^t - E_{c,n}^t$）	325.33度/吨
	飞灰产生率（μ）	3.05%
	焚烧发电厂扩建能力（M_{I_nE}）	10万吨
	单位扩建成本（C_{EI_n}）	50.83万元/万吨
RDF制备	RDF转化率（σ）	50.83%
	RDF制备厂扩建能力（M_{I_nE}）	10万吨
	单位扩建成本（C_{ER_z}）	40.67万元/万吨
	RDF市场价格（P_{RDF}^t）	203.33元/吨
水泥窑协同处置生活垃圾	RDF对原煤的替代率（ν）	50.83%
	原煤价格（P_C^t）	610元/吨

表 6-30　　　　　　　　　　去模糊化的温室气体排放量

排放来源	GWP（单位：t CO_2 eqv. t^{-1} MSW）
生活垃圾填埋（GWP_L）	2.755
垃圾焚烧发电（GWP_I）	0.464
垃圾衍生燃料制备（GWP_R）	0.203
飞灰填埋场（GWP_{FL}）	0.015
水泥窑处置飞灰（GWP_{FC}）	0
水泥窑协同处置 RDF（GWP_C）	−1.169

6.4.2　模型的求解

根据第 5 章构建的灰色模糊多目标规划模型以及 6.4.1 中的参数数据，首先将原模型分解为两个子模型，取成本目标函数权重为 0.6，环境目标函数的权重为 0.4，然后通过 MATLAB2016a 进行求解，结果如表 6-31 所示。

通过表 6-31 可知，在未来三个时期，每年的生活垃圾全部分配给 RDF 制备厂和垃圾焚烧发电厂进行处置。在生活垃圾配置过程中，优先考虑生活垃圾中转站同生活垃圾处置厂之间的运输距离。当生活垃圾中转站距离 RDF 制备厂较近时，则优先配置给 RDF 制备厂（如 8 号中转站），反之，则优先配置给焚烧发电厂（如 4 号中转站）。由于考虑环境目标，因此当生活垃圾中转站到 RDF 制备厂和焚烧发电厂运输距离相近时，生活垃圾配置优先考虑 RDF 制备厂，当生活垃圾配置量达到其最大处置能力，再考虑垃圾焚烧发电厂，垃圾填埋场在三个时期的垃圾配置量均为 0。此外，产生的 RDF 也全部交给水泥厂协同处置，不存在市场销售的情形。由于水泥厂协同处置飞灰的成本较高，生活垃圾经过垃圾焚烧发电厂所产生的飞灰全部运往飞灰填埋场进行填埋处置。由于存在垃圾填埋场作为垃圾处置的备用方案，因此不存在生活垃圾处置厂扩容情况。整个系统的收益在未来三个时期呈现先增后减趋势，收益增加体现在 T1 到 T2 时期，主要因为生活垃圾产生量增多，企业处置垃圾的收益增加。收益减少体现在 T2 到 T3 时期，主要因为垃圾产生量增幅放缓，而企业的运营成本增加，使得企业收益相对保持不变。生活垃圾处置企业的收益主要来自国家补贴和垃圾资源化后的收益，这两项收益都同国家政策紧密相关。在企业成本上升的同时，国家政策难以随之改变，导致系统收益递减。温室气体排放量同垃圾量的变化成正比关系，当所处置的生活垃圾增加时，对环境的压力增大，反之减少。从系统综合评价指标来看，上述系统的运行效果是递减的，即整个资源化处置系统的收益递减，而环境影响递增。系统环境影响递增的主要原因在于对垃圾衍生物飞灰的处置上。由于处置成本过高，无法采用环境优势更大的水泥窑协同处置技术。因此，在今后的城市生活垃圾管理中，应努力降低水泥窑协同处置飞灰的成本。

6.4 黄石中心城区城市生活垃圾两级优化配置研究

表6-31 黄石中心城区生活垃圾灰色模糊多目标优化配置结果（$W_1=0.6$，$W_2=0.4$）

时期	起点\终点	RDF制备厂	焚烧发电厂	垃圾填埋场	飞灰填埋场	水泥厂	RDF制备厂	焚烧发电厂	垃圾填埋场	飞灰填埋场	水泥厂
		生活垃圾收运下限（30.84万吨）					生活垃圾收运上限（31.46万吨）				
T1	1号中转站	0.79	0.8	0	—	—	0.86	0.76	0	—	—
	2号中转站	0.48	0.53	0	—	—	0.58	0.44	0	—	—
	3号中转站	0.83	0.86	0	—	—	0.84	0.87	0	—	—
	4号中转站	1.95	2.66	0	—	—	1.97	2.69	0	—	—
	5号中转站	0.36	0.3	0	—	—	0.42	0.26	0	—	—
	6号中转站	0.89	0.56	0	—	—	0.85	0.64	0	—	—
	7号中转站	0.65	0.42	0	—	—	0.58	0.53	0	—	—
	8号中转站	1.12	0.62	0	—	—	1.06	0.73	0	—	—
	9号中转站	0.85	0.74	0	—	—	0.97	0.67	0	—	—
	10号中转站	0.82	0.74	0	—	—	0.90	0.71	0	—	—
	11号中转站	0.57	0.58	0	—	—	0.62	0.56	0	—	—
	12号中转站	0.57	0.55	0	—	—	0.48	0.66	0	—	—
	13号中转站	1.78	1.55	0	—	—	1.48	1.92	0	—	—
	14号中转站	1.49	1.24	0	—	—	1.31	1.48	0	—	—
	15号中转站	0.57	0.6	0	—	—	0.57	0.61	0	—	—
	16号中转站	0.58	0.64	0	—	—	0.61	0.62	0	—	—
	17号中转站	0.17	0.14	0	—	—	0.13	0.18	0	—	—
	18号中转站	1.41	1.44	0	—	—	1.64	1.26	0	—	—
	合计	15.87	14.97	—	—	—	15.87	15.59	—	—	—
	焚烧发电厂	—	—	—	0.45	—	—	—	—	0.47	—
	RDF制备厂	—	—	—	—	8.07	—	—	—	—	8.07
	总收益（Z_1^1）（百万元）	51.77					52.53				
	温室气体排放量（Z_2^1）（千吨二氧化碳当量）	2.75					5.53				
	综合评价值（Z^1）[1]	−2.00					−0.94				

续表

时期	起点	终点	生活垃圾收运下限(32.06万吨)					生活垃圾收运上限(32.71万吨)				
			RDF制备厂	焚烧发电厂	垃圾填埋场	飞灰填埋场	水泥厂	RDF制备厂	焚烧发电厂	垃圾填埋场	飞灰填埋场	水泥厂
T2	1号中转站		0.79	0.85	0	—	—	0.26	1.4	0	—	—
	2号中转站		0.29	0.74	0	—	—	0.31	0.73	0	—	—
	3号中转站		0.94	0.79	0	—	—	0.36	1.39	0	—	—
	4号中转站		1.58	3.12	0	—	—	1.19	3.56	0	—	—
	5号中转站		0.41	0.29	0	—	—	0.59	0.13	0	—	—
	6号中转站		1.11	0.42	0	—	—	1.49	0.09	0	—	—
	7号中转站		0.81	0.33	0	—	—	0.97	0.2	0	—	—
	8号中转站		1.03	0.81	0	—	—	1.71	0.19	0	—	—
	9号中转站		0.85	0.84	0	—	—	1.25	0.49	0	—	—
	10号中转站		0.98	0.68	0	—	—	1.02	0.69	0	—	—
	11号中转站		0.72	0.48	0	—	—	0.52	0.71	0	—	—
	12号中转站		0.52	0.65	0	—	—	0.56	0.63	0	—	—
	13号中转站		1.52	1.95	0	—	—	2.02	1.53	0	—	—
	14号中转站		1.58	1.27	0	—	—	1.84	1.07	0	—	—
	15号中转站		0.51	0.68	0	—	—	0.41	0.79	0	—	—
	16号中转站		0.51	0.73	0	—	—	0.24	1.01	0	—	—
	17号中转站		0.20	0.12	0	—	—	0.24	0.09	0	—	—
	18号中转站		1.52	1.44	0	—	—	0.88	2.14	0	—	—
	合计		15.87	16.19	0	—	—	15.87	16.84	0	—	—
	焚烧发电厂		—	—	—	0.49	—	—	—	—	0.51	—
	RDF制备厂		—	—	—	—	8.07	—	—	—	—	8.07
	总收益(Z_1^2)		53.29					54.04				
	温室气体排放量(Z_2^2)		8.23					11.12				
	综合评价值(Z^2)		0.095					1.21				

6.4 黄石中心城区城市生活垃圾两级优化配置研究

续表

时期	起点	终点	生活垃圾收运下限（32.07 万吨）					生活垃圾收运上限（32.72 万吨）				
			RDF制备厂	焚烧发电厂	垃圾填埋场	飞灰填埋场	水泥厂	RDF制备厂	焚烧发电厂	垃圾填埋场	飞灰填埋场	水泥厂
T3	1号中转站		0.80	0.88	0	—	—	0.29	1.41	0	—	—
	2号中转站		0.47	0.73	0	—	—	0.26	0.95	0	—	—
	3号中转站		0.86	0.81	0	—	—	0.14	1.85	0	—	—
	4号中转站		2.42	2.32	0	—	—	1.67	2.92	0	—	—
	5号中转站		0.35	0.63	0	—	—	0.61	0.19	0	—	—
	6号中转站		0.78	0.70	0	—	—	1.46	0.17	0	—	—
	7号中转站		0.56	0.65	0	—	—	1.06	0.19	0	—	—
	8号中转站		0.94	0.84	0	—	—	1.76	0.20	0	—	—
	9号中转站		0.85	0.79	0	—	—	1.32	0.46	0	—	—
	10号中转站		0.83	0.78	0	—	—	0.76	0.89	0	—	—
	11号中转站		0.59	0.67	0	—	—	0.60	0.69	0	—	—
	12号中转站		0.56	0.57	0	—	—	0.60	0.55	0	—	—
	13号中转站		1.72	1.63	0	—	—	1.72	1.70	0	—	—
	14号中转站		1.37	1.38	0	—	—	1.67	1.14	0	—	—
	15号中转站		0.57	0.58	0	—	—	0.40	0.66	0	—	—
	16号中转站		0.55	0.76	0	—	—	0.33	0.88	0	—	—
	17号中转站		0.16	0.15	0	—	—	0.24	0.08	0	—	—
	18号中转站		1.50	1.36	0	—	—	0.98	1.94	0	—	—
	合计		15.87	16.20	0	—	—	15.87	16.85	0	—	—
	焚烧发电厂		—	—	—	0.49	0	—	—	—	0.51	0
	RDF制备厂		—	—	—	—	8.07	—	—	—	—	8.07
	总成本/10^7				51.66					52.28		
	温室气体排放量（Z'_2）				8.29					11.08		
	综合评价值（Z^3）				0.22					1.29		

注：1）Z'是将Z'_1和Z'_2经过归一化处理相加而得（总成本/10^7，计算中取Z'_1为负值，Z'_2为正值，温室气体/10^3），Z'越小，则评价越高。

6.4.3 敏感性分析

本书提出三种敏感性分析方案：

①调整成本目标和环境目标在综合评价中的权重，比较不同权重下最优方案的差异。

②不考虑垃圾填埋处置技术，并且，假定 T4 时期生活垃圾产生量扩大 30%，来讨论垃圾资源化处置厂扩容情况。

③不同生活垃圾处置模式的比较。比较黄石市当前的城市生活垃圾处置模式和本书提出的垃圾资源化处置模式的运行效果。

6.4.3.1 成本和环境目标权重的调整

将成本目标函数和环境目标函数的权重调整为 $W_1=0.4$，$W_2=0.6$，即决策者更注重环境效益，计算结果如表 6-32 所示。通过比较表 6-31 和表 6-32 的数据可知，各个垃圾中转站的生活垃圾的配置量变化不大，仍然主要配置给 RDF 制备厂。在飞灰处置上，配置给水泥窑协同处置技术飞灰量仍然为 0。这是因为虽然水泥窑协同处置技术具有环境优势，但是由于飞灰协同处置成本过高，系统仍无法采用该技术。在综合因素方面，因为 RDF 处置厂所能处置的生活垃圾量有限，RDF 处置生活垃圾技术的环境优势难以体现。同时，经济收益相较于之前方案更低。因而，综合评价相较于之前的权重方案，整体效果较差。

6.4.3.2 生活垃圾处置厂扩容情况

为了讨论生活垃圾处置厂扩容情况以及充分考虑环境影响因素，增加一个 T4 时期。在该时期中，假定各个生活垃圾中转站收运的生活垃圾量增加 30%，且不考虑生活垃圾填埋技术，处置厂运营成本按 T3 时期计算，成本权重为 0.6，环境权重为 0.4，结果如表 6-33 所示。由表 6-33 可知，当生活垃圾产生量超过生活垃圾处置厂最大处置能力时，优先考虑 RDF 制备厂的扩建。在生活垃圾的配置上，仅满足焚烧发电厂的最小处置要求，其余垃圾全部配置给 RDF 制备厂。将 T4 时期数据同表 6-31 的 T3 时期进行比较发现，系统总收益有所下降，但环境减排效果较优。再对比表 6-32 的 T3 时期数据，发现环境减排效果更优。可见，当生活垃圾产生量越大，RDF 处置技术的环境优势越显著，整个系统运行效果越好。

6.4 黄石中心城区城市生活垃圾两级优化配置研究

表6-32 黄石中心城区生活垃圾灰色模糊多目标优化配置结果（$W_1 = 0.4$，$W_2 = 0.6$）

时期	起点	终点	RDF制备厂	焚烧发电厂	垃圾填埋场	飞灰填埋场	水泥厂	RDF制备厂	焚烧发电厂	垃圾填埋场	飞灰填埋场	水泥厂
			生活垃圾收运下限（30.84万吨）					生活垃圾收运上限（31.46万吨）				
T1		1号中转站	0.78	0.81	0	—	—	0.29	1.33	0	—	—
		2号中转站	0.42	0.59	0	—	—	0.07	0.95	0	—	—
		3号中转站	0.78	0.91	0	—	—	0.02	1.69	0	—	—
		4号中转站	2.50	2.11	0	—	—	1.76	2.9	0	—	—
		5号中转站	0.45	0.21	0	—	—	0.63	0.05	0	—	—
		6号中转站	0.88	0.57	0	—	—	1.39	0.1	0	—	—
		7号中转站	0.68	0.39	0	—	—	1.06	0.05	0	—	—
		8号中转站	0.96	0.78	0	—	—	1.72	0.07	0	—	—
		9号中转站	0.84	0.75	0	—	—	1.08	0.56	0	—	—
		10号中转站	0.72	0.64	0	—	—	0.70	0.91	0	—	—
		11号中转站	0.51	0.53	0	—	—	0.19	0.99	0	—	—
		12号中转站	0.59	1.43	0	—	—	0.44	0.7	0	—	—
		13号中转站	1.90	1.43	0	—	—	2.12	1.28	0	—	—
		14号中转站	1.30	0.69	0	—	—	2.05	0.74	0	—	—
		15号中转站	0.48	0.65	0	—	—	0.15	1.03	0	—	—
		16号中转站	0.57	0.12	0	—	—	0.14	1.09	0	—	—
		17号中转站	0.19	1.52	0	—	—	0.27	0.04	0	—	—
		18号中转站	1.33		0	—	—	1.79	1.11	0	—	—
		合计	15.87	14.97	51.75	—	—	15.87	15.59	52.51	—	—
		焚烧发电厂	—	—	—	0.45	—	—	—	—	0.47	—
		RDF制备厂	—	—	—	—	8.07	—	—	—	—	8.07
		总收益（Z_1^1）（百万元）	2.73					5.49					
		温室气体排放量（Z_2^1）（千吨二氧化碳当量）	−0.43					1.19					
		综合评价值（Z^1）[1]	0										

129

续表

时期	起点\终点	RDF制备厂	焚烧发电厂	垃圾填埋场	飞灰填埋场	水泥厂	RDF制备厂	焚烧发电厂	垃圾填运上限(32.71万吨)	飞灰填埋场	水泥厂
		生活垃圾收运下限(32.06万吨)					生活垃圾收运上限(32.71万吨)				
T2	1号中转站	0.85	0.79	0	—	—	0.44	1.22	0	—	—
	2号中转站	0.50	0.53	0	—	—	0.53	0.51	0	—	—
	3号中转站	0.86	0.87	0	—	—	0.82	0.93	0	—	—
	4号中转站	2.44	2.26	0	—	—	2.34	2.41	0	—	—
	5号中转站	0.34	0.36	0	—	—	0.15	0.57	0	—	—
	6号中转站	0.76	0.77	0	—	—	1.03	0.55	0	—	—
	7号中转站	0.58	0.56	0	—	—	0.61	0.56	0	—	—
	8号中转站	0.90	0.94	0	—	—	1.21	0.69	0	—	—
	9号中转站	0.84	0.85	0	—	—	0.97	0.77	0	—	—
	10号中转站	0.60	0.82	0	—	—	0.97	0.74	0	—	—
	11号中转站	0.57	0.6	0	—	—	0.44	0.79	0	—	—
	12号中转站	0.84	0.6	0	—	—	0.36	0.83	0	—	—
	13号中转站	1.72	1.75	0	—	—	1.85	1.7	0	—	—
	14号中转站	1.28	1.57	0	—	—	1.64	1.27	0	—	—
	15号中转站	0.60	0.59	0	—	—	0.46	0.74	0	—	—
	16号中转站	0.59	0.65	0	—	—	0.17	1.08	0	—	—
	17号中转站	0.15	0.17	0	—	—	0.16	0.17	0	—	—
	18号中转站	1.44	1.52	0	—	—	1.72	1.31	0	—	—
	合计	15.87	16.19	—	—	—	15.87	16.84	—	—	—
	焚烧发电厂	—	—	—	0.49	—	—	—	—	0.51	—
	RDF制备厂	—	—	—	—	8.07	—	—	—	—	8.07
	总收益(Z_1^2)	53.25					54.02				
	温室气体排放量(Z_2^2)	8.12					11.05				
	综合评价值(Z^2)	2.74					4.47				

6.4 黄石中心城区城市生活垃圾两级优化配置研究

续表

时期	起点	终点	生活垃圾收运下限（32.07万吨）					生活垃圾收运上限（32.72万吨）				
			RDF制备厂	焚烧发电厂	垃圾填埋场	飞灰填埋场	水泥厂	RDF制备厂	焚烧发电厂	垃圾填埋场	飞灰填埋场	水泥厂
T3	1号中转站		0.87	0.77	0	—	—	0.32	1.34	0	—	—
	2号中转站		0.50	0.53	0	—	—	0.02	1.02	0	—	—
	3号中转站		0.94	0.79	0	—	—	0.10	1.65	0	—	—
	4号中转站		1.24	3.46	0	—	—	2.18	2.57	0	—	—
	5号中转站		0.38	0.32	0	—	—	0.67	0.05	0	—	—
	6号中转站		0.95	0.59	0	—	—	1.48	0.1	0	—	—
	7号中转站		0.69	0.45	0	—	—	1.11	0.06	0	—	—
	8号中转站		1.23	0.61	0	—	—	1.82	0.08	0	—	—
	9号中转站		0.98	0.71	0	—	—	1.13	0.61	0	—	—
	10号中转站		0.93	0.73	0	—	—	0.55	1.16	0	—	—
	11号中转站		0.60	0.6	0	—	—	0.31	0.92	0	—	—
	12号中转站		0.61	0.56	0	—	—	0.41	0.78	0	—	—
	13号中转站		1.42	2.05	0	—	—	2.29	1.26	0	—	—
	14号中转站		1.28	1.57	0	—	—	1.65	1.26	0	—	—
	15号中转站		0.62	0.57	0	—	—	0.24	0.96	0	—	—
	16号中转站		0.63	0.61	0	—	—	0.13	1.12	0	—	—
	17号中转站		0.17	0.15	0	—	—	0.29	0.04	0	—	—
	18号中转站		1.82	1.13	0	—	—	1.16	1.87	0	—	—
	合计		15.87	16.2	0	0.49	0	15.87	15.85	0	0.48	0
	焚烧发电厂		—	—	51.56	—	—	—	—	52.22	—	—
	RDF制备厂		—	—	—	—	8.07	—	—	—	—	8.07
	总收益（Z_1^3）		8.28									
	温室气体排放量（Z_2^3）		11.04									
	综合评价值（Z^3）		2.91									
												4.54

注：1）Z' 是将 Z_1' 和 Z_2' 经过归一化处理相加而得（总成本/10^7，温室气体/10^3），计算中取 Z_1' 为负值，Z_2' 为正值，则 Z' 越小，则评价越高。

表6-33 T4时期生活垃圾配置及资源化处置厂扩容情况（$W_1=0.6$，$W_2=0.4$）

起点\终点	RDF制备厂	焚烧发电厂	飞灰填埋场	水泥厂	是否扩容	RDF制备厂	焚烧发电厂	飞灰填埋场	水泥厂	是否扩容
	生活垃圾收运下限（40.28万吨）					生活垃圾收运上限（41.07万吨）				
1号中转站	1.74	0.32	—	—	—	1.76	0.33	—	—	—
2号中转站	0.86	0.43	—	—	—	1.01	0.30	—	—	—
3号中转站	1.86	0.31	—	—	—	1.86	0.33	—	—	—
4号中转站	5.42	0.49	—	—	—	5.32	0.65	—	—	—
5号中转站	0.70	0.18	—	—	—	0.65	0.26	—	—	—
6号中转站	1.56	0.36	—	—	—	1.65	0.33	—	—	—
7号中转站	1.07	0.36	—	—	—	1.15	0.32	—	—	—
8号中转站	2.06	0.26	—	—	—	2.08	0.30	—	—	—
9号中转站	1.80	0.32	—	—	—	1.84	0.34	—	—	—
10号中转站	1.76	0.35	—	—	—	1.63	0.51	—	—	—
11号中转站	1.15	0.27	—	—	—	1.19	0.35	—	—	—
12号中转站	1.20	0.64	—	—	—	1.17	0.33	—	—	—
13号中转站	3.72	0.53	—	—	—	4.00	0.45	—	—	—
14号中转站	3.05	0.30	—	—	—	3.30	0.35	—	—	—
15号中转站	1.20	0.27	—	—	—	1.18	0.33	—	—	—
16号中转站	1.29	0.16	—	—	—	1.23	0.34	—	—	—
17号中转站	0.25	0.46	—	—	—	0.25	0.17	—	—	—
18号中转站	3.26	—	—	—	—	3.43	0.37	—	—	—
合计	33.94	6.34	0.19	—	—	34.73	6.34	0.19	—	—
焚烧发电厂	—	—	—	0	0	—	—	—	0	0
RDF制备厂	—	—	—	17.25	1	—	—	—	17.25	1
总收益（Z_1）（百万元）	45.1					44.6				
温室气体排放量（Z_2）（千吨二氧化碳当量）	-103					-101				
综合评价值（Z）	-63.671					-62.654				

6.4.3.3 生活垃圾处置模式的调整

将生活垃圾处置模式调整为当前黄石市生活垃圾处置模式,即全部生活垃圾都由焚烧发电厂处置,飞灰由飞灰填埋场处置,处置流程如图 6-7 所示。将上述相关数据代入模型中进行计算,结果如表 6-34 所示。通过比较表 6-31 和表 6-34 可知,目前的黄石市生活垃圾处置模式总收益是多技术协同处置模式的 1.6 倍多,但环境影响是多技术处置模型的 16 倍多。由此可见,当前黄石市生活垃圾处置模式并不符合循环经济的思想。因此,黄石市城市生活垃圾资源化处置系统需要引入 RDF 制备技术,这样有利于黄石市城市生活垃圾资源化处置的可持续发展。

图 6-7 黄石市当前生活垃圾处置模式

表 6-34 黄石市当前生活垃圾处置模式计算结果

时期	起点＼终点	飞灰填埋场	飞灰填埋场
T1		生活垃圾收运下限(30.84 万吨)	生活垃圾收运上限(31.46 万吨)
	垃圾焚烧发电厂	0.93	0.94
	总收益(Z_1^t)(百万元)	76.47	77.32
	温室气体排放量(Z_2^t)(千吨二氧化碳当量)	138.52	141.24
T2		生活垃圾收运下限(32.06 万吨)	生活垃圾收运上限(32.71 万吨)
	垃圾焚烧发电厂	0.96	0.98
	总收益(Z_1^t)(百万元)	78.14	78.91
	温室气体排放量(Z_2^t)(千吨二氧化碳当量)	144.03	146.89
T3		生活垃圾收运下限(32.07 万吨)	生活垃圾收运上限(32.72 万吨)
	垃圾焚烧发电厂	0.96	0.98
	总收益(Z_1^t)(百万元)	76.58	77.23
	温室气体排放量(Z_2^t)(千吨二氧化碳当量)	144.05	146.88

本 章 小 结

本章以黄石中心城区城市生活垃圾资源化处置过程为研究对象，验证第 3、4、5 章分别构建的城市生活垃圾分布预测模型，城市生活垃圾中转站和处置厂两阶段选址模型、城市生活垃圾两级优化配置模型的可行性和科学性。通过分析发现，黄石生活垃圾资源化处置企业的收益较高，其收益主要来源于国家补贴。但在处置过程中，环境影响也不容忽视。通过三个时期的分析发现，随着城市生活垃圾产生量的增加，企业的经济收益增长放缓，而环境影响逐年上升。环境影响上升的主要原因是处置成本过高，飞灰的处置无法采用环境优势更大的水泥窑协同处置技术。通过敏感性分析发现，RDF 处置技术具有较大的环境优势。城市生活垃圾产生量越大，RDF 处置技术的环境优势越显著。因此，黄石应引入 RDF 处置技术来完善城市生活垃圾资源化处置系统，实现城市生活垃圾资源化处置的可持续发展。水泥窑协同处置飞灰技术虽然在环境影响上具有优势，但由于生活垃圾产生量有限，水泥窑协同处置单位成本较高，飞灰仍采用填埋方式处置。目前，黄石还不具备采用水泥窑协同处置飞灰技术的环境。在今后的发展中，城市生活垃圾资源化处置系统应努力降低水泥窑协同处置飞灰的成本，并且提高 RDF 制备技术的处置能力。

第7章 总结与展望

7.1 总　　结

本书以循环经济理论和可持续发展理论为基础，采取理论研究同应用分析相结合的方法，对城市生活垃圾资源化处置过程优化配置进行了深入分析和研究。

为了实现城市生活垃圾资源化处置过程的优化配置，需要解决三个方面的问题：①城市生活垃圾产生量的分布预测；②城市生活垃圾中转站及生活垃圾处置厂的选址；③城市生活垃圾的两级优化配置方案。本书在查阅大量国内外文献的基础上，对城市生活垃圾资源化处置过程中的三个问题进行了全面的综述。阐述了城市生活垃圾资源化处置的理论基础，将循环经济理论和可持续发展理论同城市生活垃圾资源化处置的自身特点相结合，分析城市生活垃圾资源化处置的形成模式，并提出城市生活垃圾资源化处置过程的涵盖范围以及需要研究的优配过程和优配方案。

城市生活垃圾产生量的分布预测是城市生活垃圾资源化处置过程优化配置的重要前提。由于生活垃圾产生量数据的不完备性以及生活垃圾产生过程中的不确定性，使得城市生活垃圾产生量的精确预测难以实现。因此，本书先将遗传算法同支持向量回归预测模型结合，构建 GA-SVR 预测模型，对人均生活垃圾产生量进行预测。针对城市生活垃圾产生过程中的不确定性，运用模糊信息粒化对影响人均生活垃圾产生的解释变量进行模糊化，将模糊化的解释变量代入训练好的 GA-SVR 模型，对下一期人均生活垃圾产生量进行预测。再运用 ARIMA 模型对研究区域的人口数据进行预测。最后将人均生活垃圾产生量预测值同研究区域的人口分布数据结合，运用克里金插值法，将城市生活垃圾分布预测呈现出来。

根据城市生活垃圾产生量分布预测数据，构建带有动态容量约束的城市生活垃圾中转站及生活垃圾处置厂两阶段选址模型。在第一阶段，基于各个垃圾收集点的垃圾产生量呈现的动态和不确定性特征，构建带容量约束的生活垃圾中转站动态选址模型确定生活垃圾中转站的选址、初始容量以及扩建决策。由于该问题属于 NP-Hard 问题，因此通过遗传算法求得近似最优解。在第二阶段，根据第一阶段中求得的生活垃圾中转站的选址方案，结合垃圾衍生物处置厂的位置，通过枚举法对垃圾处置厂的选址方案进行求解。

生活垃圾中转站及生活垃圾处置厂的选址位置确定后，最后对城市生活垃圾及其衍生物的处置进行优化配置研究。考虑到城市生活垃圾处置过程中诸多参数的不确定性，本书构建以成本最小化和环境影响最小化为目标的灰色模糊多目标城市生活垃圾两级优化配置模型。通过将原模型分解为两个子模型并应用期望值排序法去模糊化，对模型进行求解。

为了验证模型的可行性和科学性，本书以湖北省黄石市中心城区（黄石港区、西塞山区、下陆区）为研究对象，研究黄石市中心城区城市生活垃圾资源化处置过程的优化配置方案。通过敏感性分析发现，RDF制备技术具有较大的环境优势。城市生活垃圾产生量越多，RDF处置能力越大，RDF制备技术的环境优势越明显，因此黄石应引入该技术来实现城市生活垃圾资源化处置的可持续发展。在垃圾衍生物处置上，水泥窑协同处置技术虽然在环境影响上具有优势，但因其处置成本较高，现阶段还不适用。因此，黄石目前仍应采用填埋方式处置垃圾衍生物。

7.2　主要创新点

本书的主要创新点如下。

第一，将模糊信息粒化同GA-SVR模型结合，构建基于FIG-GA-SVR的不确定性城市生活垃圾产生量分布预测模型，实现了城市生活垃圾产生量的区间预测，拓展了城市生活垃圾产生量分布预测的研究算法。

由于生活垃圾产生量数据的不完备性以及生活垃圾产生过程中的不确定性，对生活垃圾产生量进行区间预测比确定值预测更为合理。将人均城市生活垃圾产生量的影响因素进行模糊信息粒化，并同GA-SVR预测模型结合构建FIG-GA-SVR模型对人均生活垃圾产生量进行区间预测。然后，将FIG-GA-SVR模型预测的人均垃圾产生量与ARIMA模型预测的人口数据相结合，得到城市生活垃圾的分布预测数据。最后，运用克里金插值法将城市生活垃圾分布预测情况呈现出来。实现了城市生活垃圾产生量的分布区间预测，拓展了城市生活垃圾产生量分布预测的研究算法。

第二，基于城市生活垃圾动态分布数据，构建带有动态容量约束的城市生活垃圾中转站及生活垃圾处置厂两阶段选址模型，解决了城市生活垃圾产生量具有动态性特征的环境下，城市生活垃圾中转站和生活垃圾处置厂的系统选址问题，发展了城市生活垃圾中转站及生活垃圾处置厂选址的定量研究方法。

基于城市生活垃圾产生量动态分布数据，将生活垃圾中转站及生活垃圾处置厂的选址问题同城市生活垃圾第一次优化配置结合，构建带有动态容量约束的城市生活垃圾中转站及垃圾处置厂两阶段选址模型。在第一阶段，针对城市生活垃圾产生量具有动态性的特征，首先构建带有动态容量约束的生活垃圾中转站选址模型确定生活垃圾中转站的选址、初始容量设置以及扩建决策。由于该问题属于 NP-Hard 问题，因此通过遗传算法求得近似最优解。在第二阶段，根据第一阶段中求得的生活垃圾中转站的选址方案，结合垃圾衍生物处置厂的位置，通过枚举法对生活垃圾处置厂的选址方案进行求解。该模型解决了城市生活垃圾产生量具有动态性特征的环境下，城市生活垃圾中转站和生活垃圾处置厂的系统选址问题，发展了城市生活垃圾中转站及生活垃圾处置厂选址的定量研究方法。

第三，在分析城市生活垃圾资源化处置系统的不确定性基础上，构建基于成本最低和环境影响最小的灰色模糊多目标城市生活垃圾及其衍生物的两级优化配置模型，求得城市生活垃圾及其衍生物的优化配置方案，拓宽了城市生活垃圾优化配置的研究范畴。

研究城市生活垃圾在资源化处置过程中的优化配置问题时，对城市生活垃圾及其衍生物的优化配置同时进行研究。在城市生活垃圾资源化处置过程中，既要考虑成本因素，也要考虑环境影响。将城市生活垃圾处置过程中的不确定性参数运用区间数和模糊数进行表述，构建基于成本最低和环境影响最小的灰色模糊多目标城市生活垃圾两级优化配置模型。通过构建子模型和期望值排序法对模型进行求解，得到生活垃圾及其衍生物最优配置方案。拓宽了城市生活垃圾优化配置的研究范畴。

7.3 研 究 展 望

如前所述，本书对城市生活垃圾资源化处置过程的优化配置问题虽然进行了系统研究，但仍存在一些方面有待深入探讨。因此，针对本书需要进一步延续以及深入研究的问题，提出以下未来研究方向。

①目前全球已步入大数据时代，因此，在今后的研究中，可以将大数据同城市生活垃圾处置系统结合，应用大数据对城市生活垃圾的分布预测进行进一步的研究，并将季节变化因素考虑在内，研究大数据背景下全天候的城市生活垃圾的产生量分布预测问题。

②目前，我国很多城市已进行生活垃圾分类，因此，应根据不同的分类分别进行转运。生活垃圾的不同分类和不同特性决定了在收运过程中的中转站选址位置应当有所区别。因此，在今后的研究中，可以针对不同的生活垃圾类别，研究生活垃圾中转站的分类选址问题。

③在生活垃圾资源化处置系统中，企业收益主要来自国家补贴，而非来自居民付费，不符合"谁污染、谁付费"原则。因此，可以将生活垃圾收费标准融入城市生活垃圾资源化处置系统，结合我国推行的生活垃圾分类制度，研究城市生活垃圾分类收费问题。

参 考 文 献

[1] Kannangara M, Dua R, Ahmadi L, et al. Modeling and prediction of regional municipal solid waste generation and diversion in Canada using machine learning approaches[J]. Waste Management, 2018(74): 3-15.

[2] Kontokosta C E, Hong B, Johnson N E, et al. Using machine learning and small area estimation to predict building-level municipal solid waste generation in cities[J]. Computers, Environment and Urban Systems, 2018(70): 151-162.

[3] 邓聚龙. 灰色系统理论教程[M]. 武汉: 华中理工大学出版社, 1990.

[4] 陈艺兰, 陈庆华, 张江山. 厦门市生活垃圾的灰色预测与分析[J]. 环境科学与技术, 2007, 30(9): 72-74.

[5] 顾岚. 时间序列分析在经济中的应用[M]. 北京: 中国统计出版社, 1994.

[6] Chang N B, Lin Y T. An analysis of recycling impacts on solid waste generation by time series intervention modeling[J]. Resources Conservation and Recycling, 1997, 19(3): 165-186.

[7] Eymen A, Köylü Ü. Seasonal trend analysis and ARIMA modeling of relative humidity and wind speed time series around Yamula Dam[J]. Meteorology and Atmospheric Physics, 2018: 1-12.

[8] Azadi S, Karimi-Jashni A. Verifying the performance of artificial neural network and multiple linear regression in predicting the mean seasonal municipal solid waste generation rate: A case study of Fars province, Iran[J]. Waste Management, 2016(48): 14-23.

[9] Edjabou M E, Boldrin A, Astrup T F. Compositional analysis of seasonal variation in Danish residual household waste[J]. Resources, Conservation and Recycling, 2018(130): 70-79.

[10] Abdoli M A, Falahnezhad M, Behboudian S. Multivariate econometric approach for solid waste generation modeling: Impact of climate factors[J]. Environmental Engineering Science, 2011, 28(9): 627-633.

[11] Hockett D, Lober D J, Pilgrim K. Determinants of Per Capita Municipal Solid Waste Generation in the Southeastern United States[J]. Journal of Environmental Management, 1995, 45(3): 205-217.

[12] Hekkert M P, Joosten L A J, Worrell E. Analysis of the dissertation and wood flow in The Netherlands[J]. Resources Conservation & Recycling, 2000, 30(1): 29-48.

[13] 李旭. 社会系统动力学：政策研究的原理方法和应用[M]. 上海：复旦大学出版社, 2009.

[14] Dyson B, Chang N B. Forecasting municipal solid waste generation in a fast-growing urban region with system dynamics modeling[J]. Waste Management, 2005, 25(7): 669-679.

[15] Kollikkathara N, Feng H, Yu D. A system dynamic modeling approach for evaluating municipal solid waste generation, landfill capacity and related cost management issues[J]. Waste Management, 2010, 30(11): 2194-2203.

[16] Ali Abdoli M, Falah Nezhad M, Salehi Sede R, et al. Longterm forecasting of solid waste generation by the artificial neural networks[J]. Environmental Progress & Sustainable Energy, 2012, 31(4): 628-636.

[17] Firat M, Turan M E, Yurdusev M A. Comparative analysis of neural network techniques for predicting water consumption time series[J]. Journal of Hydrology, 2010, 384(1-2): 46-51.

[18] Ordonez-Ponce E, Samarasinghe S, Torgerson L. Artificial neural networks for assessing waste generation factors and forecasting waste generation: a case study of Chile[J]. Journal of Solid Waste Technology and Management, 2006, 32(3): 167-184.

[19] Noori R, Abdoli M A, Farrokhnia A, et al. Solid waste generation predicting by hybrid of artificial neural network and wavelet transform[J]. Journal of Environmental Studies, 2009, 35(49): 25-30.

[20] Noori R, Abdoli M A, Ghazizade M J, et al. Comparison of neural network and principal component-regression analysis to predict the solid waste generation in Tehran[J]. Iranian Journal of Public Health, 2009, 38(1): 74-84.

[21] Jalili Ghazi Zade M, Noori R. Prediction of municipal solid waste generation by use of artificial neural network: A case study of Mashhad[J]. Int. J. Environ. Res, 2008, 2(1): 13-22.

[22] Tiwari M K, Bajpai S, Dewangan U K. Prediction of industrial solid waste with ANFIS Model and its comparison with ANN Model—a case study of Durg-Bhilai Twin City India[J]. International Journal of Engineering and Innovative Technology, 2012, 2(6): 192-201.

[23] Chen H W, Chang N B. Prediction analysis of solid waste generation based on grey fuzzy dynamic modeling[J]. Resources, conservation and Recycling, 2000, 29(1-2): 1-18.

[24] Noori R, Abdoli M A, Farokhnia A, et al. RETRACTED: Results uncertainty of solid waste

generation forecasting by hybrid of wavelet transform-ANFIS and wavelet transform-neural network[J]. Expert Systems with Applications, 2009: 9991-9999.

[25] Vapnik V. The nature of statistical learning theory [M]. Springer Science & Business Media, 2013.

[26] Kim K. Financial time series forecasting using support vector machines[J]. Neurocomputing, 2003, 55(1-2): 307-319.

[27] Abbasi M, Abduli M A, Omidvar B, et al. Forecasting municipal solid waste generation by hybrid support vector machine and partial least square model[J]. International Journal of Environmental Research, 2013, 7(1): 27-38.

[28] Abbasi M, Abduli M A, Omidvar B, et al. Results uncertainty of support vector machine and hybrid of wavelet transform - support vector machine models for solid waste generation forecasting[J]. Environmental Progress & Sustainable Energy, 2014, 33(1): 220-228.

[29] Karadimas N V, Loumos V G. GIS-based modelling for the estimation of municipal solid waste generation and collection [J]. Waste Management & Research, 2008, 26(4): 337-346.

[30] Kontokosta C E, Hong B, Johnson N E, et al. Using machine learning and small area estimation to predict building-level municipal solid waste generation in cities[J]. Computers, Environment and Urban Systems, 2018, 70: 151-162.

[31] Johnson N E, Ianiuk O, Cazap D, et al. Patterns of waste generation: A gradient boosting model for short-term waste prediction in New York City[J]. Waste Management, 2017, 62: 3-11.

[32] Zurbrugg C. Urban solid waste management in low-income countries of Asia how to cope with the garbage crisis [J]. Scientific Committee on Problems of the Environment (SCOPE) Urban Solid Waste Management Review Session, Durban, South Africa, 2002: 1-13.

[33] Yadav V, Karmakar S, Dikshit A K, et al. A feasibility study for the locations of waste transfer stations in urban centers: a case study on the city of Nashik, India[J]. Journal of Cleaner Production, 2016(126): 191-205.

[34] Khan M M U H, Vaezi M, Kumar A. Optimal siting of solid waste-to-value-added facilities through a GIS-based assessment [J]. Science of the Total Environment, 2018, 610: 1065-1075.

[35] Bovea M D, Powell J C, Gallardo A, et al. The role played by environmental factors in the integration of a transfer station in a municipal solid waste management system[J]. Waste Management, 2007, 27(4): 545-553.

[36] Kirca Ö, Erkip N. Selecting transfer station locations for large solid waste systems[J]. European Journal of Operational Research, 1988, 35(3): 339-349.

[37] Marks D H, Liebman J E. Mathematical analysis of solid waste collection[M]//Public Health Service Publication. Departement of Health, Education and Welfare, 1970.

[38] Jenkins L. Developing a solid waste management model for Toronto[J]. INFOR: Information Systems and Operational Research, 1982, 20(3): 237-247.

[39] Or I, Curi K. Improving the efficiency of the solid waste collection system in Izmir, Turkey, through mathematical programming[J]. Waste Management & Research, 1993, 11(4): 297-311.

[40] Badran M F, El-Haggar S M. Optimization of municipal solid waste management in Port Said—Egypt[J]. Waste Management, 2006, 26(5): 534-545.

[41] Komilis D P. Conceptual modeling to optimize the haul and transfer of municipal solid waste[J]. Waste Management, 2008, 28(11): 2355-2365.

[42] Lyeme H. Optimization of municipal solid waste management system[M]. Lap Lambert Academic Publ, 2012.

[43] Chatzouridis C, Komilis D. A methodology to optimally site and design municipal solid waste transfer stations using binary programming[J]. Resources, Conservation and Recycling, 2012(60): 89-98.

[44] Eiselt H A, Marianov V. A bi-objective model for the location of landfills for municipal solid waste[J]. European Journal of Operational Research, 2014, 235(1): 187-194.

[45] Hosseinijou S A, Bashiri M. Stochastic models for transfer point location problem[J]. The International Journal of Advanced Manufacturing Technology, 2012, 58(1-4): 211-225.

[46] Gil Y, Kellerman A. A multicriteria model for the location of solid waste transfer stations: the case of Ashdod, Israel[J]. Geojournal, 1993, 29(4): 377-384.

[47] Rafiee R, Khorasani N, Mahiny A S, et al. Siting transfer stations for municipal solid waste using a spatial multi-criteria analysis[J]. Environmental & Engineering Geoscience, 2011, 17(2): 143-154.

[48] Massam B H. The location of waste transfer stations in Ashdod, Israel, using a multi-criteria decision support system[J]. Geoforum, 1991, 22(1): 27-37.

[49] Habibi F, Asadi E, Sadjadi S J, et al. A multi-objective robust optimization model for site-selection and capacity allocation of municipal solid waste facilities: A case study in Tehran[J]. Journal of Cleaner Production, 2017(166): 816-834.

[50] Li J, Prins C, Chu F. A scatter search for a multi-type transshipment point location problem

with multicommodity flow[J]. Journal of Intelligent Manufacturing, 2012, 23(4): 1103-1117.

[51] 王金华, 孙可伟, 房镇. 城市垃圾中转站选址研究[J]. 环境科学与管理, 2008, 33(5): 57-59.

[52] 郑帮强. 城市生活垃圾收集的选址—配置问题研究[D]. 武汉: 华中科技大学, 2009.

[53] Erkut E, Karagiannidis A, Perkoulidis G, et al. A multicriteria facility location model for municipal solid waste management in North Greece[J]. European Journal of Operational Research, 2008, 187(3): 1402-1421.

[54] Galante G, Aiello G, Enea M, et al. A multi-objective approach to solid waste management [J]. Waste Management, 2010, 30(8): 1720-1728.

[55] Song B D, Morrison J R, Ko Y D. Efficient location and allocation strategies for undesirable facilities considering their fundamental properties[J]. Computers & Industrial Engineering, 2013, 65(3): 475-484.

[56] Erkut E, Neuman S. A multiobjective model for locating undesirable facilities[J]. Annals of Operations Research, 1992, 40(1): 209-227.

[57] Hwang, Ching Lai, Masud, Abu Syed Md. Multiple Objective Decision Making — Methods and Applications[M]//Springer Science & Business Media, 1994.

[58] Alumur, Sibel, and Bahar Y. Kara. A new model for the hazardous waste location-routing problem[J]. Computers & Operations Research 2007, 34(5): 1406-1423.

[59] Coutinho-Rodriguesabbbc J. A bi-objective modeling approach applied to an urban semi-desirable facility location problem[J]. European Journal of Operational Research, 2012, 223(1): 203-213.

[60] Chatzouridis C, Komilis D. A methodology to optimally site and design municipal solid waste transfer stations using binary programming[J]. Resources, Conservation & Recycling, 2012, 60(none): 89-98.

[61] Ardjmand E, Young W A, Weckman G R, et al. Applying genetic algorithm to a new bi-objective stochastic model for transportation, location, and allocation of hazardous materials [J]. Expert Systems with Applications An International Journal, 2016, 51(C): 49-58.

[62] Eiselt H A, Marianov V. Location modeling for municipal solid waste facilities[J]. Computers & Operations Research, 2015, 62(C): 305-315.

[63] Asefi H, Lim S, Maghrebi M. A mathematical model for the municipal solid waste location-routing problem with intermediate transfer stations[J]. Australasian Journal of Information Systems, 2015(19).

[64] Jabbarzadeh A, Darbaniyan F, Jabalameli M S. A multi-objective model for location of transfer stations: case study in waste management system of Tehran[J]. Journal of Industrial and Systems Engineering, 2016, 9(1): 109-125.

[65] Huang G, Baetz B W, Patry G G. A grey linear programming approach for municipal solid waste management planning under uncertainty[J]. Civil Engineering Systems, 1992, 9(4): 319-335.

[66] Guo H. Huang, Brian W. Baetz, Gilles G. Patry. Grey integer programming: An application to waste management planning under uncertainty[J]. Socio-Economic Planning Sciences, 1995, 29(1): 17-38.

[67] Huang G H, Baetz B W, Patry G G. Grey Dynamic Programming for Waste-Management Planning under Uncertainty[J]. Journal of Urban Planning & Development, 1994, 120(3): 132-156.

[68] Huang G H, Baetz B W, Patry G G. Grey quadratic programming and its application to municipal solid waste management planning under uncertainty[J]. Engineering Optimization, 1995, 23(3): 201-223.

[69] H. W. Lu, G. H. Huang, L. He, et al. An inexact dynamic optimization model for municipal solid waste management in association with greenhouse gas emission control[J]. Journal of Environmental Management, 2009, 90(1): 396-409.

[70] 胡治飞, 郭怀成. 城市生活垃圾管理规划优化研究[J]. 环境工程, 2004, 22(4): 45-49.

[71] Ni-Bin Chang, S. F. Wang. A fuzzy goal programming approach for the optimal planning of metropolitan solid waste management systems[J]. European Journal of Operational Research, 1997, 99(2): 303-321.

[72] Amitabh Kumar Srivastava, Arvind K. Nema. Fuzzy parametric programming model for multi-objective integrated solid waste management under uncertainty[J]. Expert Systems With Applications, 2012, 39(5): 4657-4678.

[73] Li J, He L, Fan X, et al. Optimal control of greenhouse gas emissions and system cost for integrated municipal solid waste management with considering a hierarchical structure[J]. Waste Management & Research, 2017, 35(8): 874-889.

[74] Xu Y, Huang G, Xu L. A Fuzzy Robust Optimization Model for Waste Allocation Planning Under Uncertainty[J]. Environmental Engineering Science, 2014, 31(10): 556.

[75] Xu Y, Huang G, Li J. An enhanced fuzzy robust optimization model for regional solid waste management under uncertainty[J]. Engineering Optimization, 2016, 48(11): 1869-1886.

[76] Zhou M, Lu S, Tan S, et al. A stochastic equilibrium chance-constrained programming model for municipal solid waste management of the City of Dalian, China[J]. Quality & Quantity, 2015(51): 1-20.

[77] Xu Y, Huang G H, Qin X S, et al. SRCCP: a stochastic robust chance-constrained programming model for municipal solid waste management under uncertainty[J]. Resources Conservation & Recycling, 2009, 53(6): 352-363.

[78] Huang G U O H, Baetz B W, Patry G G. Grey fuzzy dynamic programming: Application to municipal solid waste management planning problems[J]. Civil Engineering Systems, 1994, 11(1): 43-73.

[79] Chang N B, Chen Y L, Wang S F. A fuzzy interval multiobjective mixed integer programming approach for the optimal planning of solid waste management systems[J]. Fuzzy Sets & Systems, 1997, 89(1): 35-60.

[80] Zou R, Lung W S, Guo H C, et al. An independent variable controlled grey fuzzy linear programming approach for waste flow allocation planning[J]. Engineering Optimization, 2000, 33(1): 87-111.

[81] Huang Y F, Baetz B W, Huang G H, et al. Violation analysis for solid waste management systems: an interval fuzzy programming approach[J]. Journal of Environmental Management, 2002, 65(4): 431-446.

[82] Nie X H, Huang G H, Li Y P, et al. IFRP: a hybrid interval-parameter fuzzy robust programming approach for waste management planning under uncertainty[J]. Journal of Environmental Management, 2007, 84(1): 1-11.

[83] Lu H W, Xu Y, Xu Y, et al. Inexact two-phase fuzzy programming and its application to municipal solid waste management[J]. Engineering Applications of Artificial Intelligence, 2012, 25(8): 1529-1536.

[84] Huang G H, Sae-Lim N, Liu L, et al. An Interval-Parameter Fuzzy-Stochastic Programming Approach for Municipal Solid Waste Management and Planning[J]. Environmental Modeling & Assessment, 2001, 6(4): 271-283.

[85] Cheng G H, Huang G H, Li Y P, et al. Planning of municipal solid waste management systems under dual uncertainties: a hybrid interval stochastic programming approach[J]. Stochastic Environmental Research & Risk Assessment, 2009, 23(6): 707-720.

[86] Wu J, Ma C, Zhang D Z, et al. Municipal solid waste management and greenhouse gas emission control through an inexact optimization model under interval and random uncertainties[J]. Engineering Optimization, 2018: 1-15.

[87] Su J, Guo H H, Bei D X, et al. A hybrid inexact optimization approach for solid waste management in the city of Foshan, China[J]. Journal of Environmental Management, 2010, 91(2): 389-402.

[88] P. Guo, G. H. Huang, L. He. ISMISIP: an inexact stochastic mixed integer linear semi-infinite programming approach for solid waste management and planning under uncertainty [J]. Stochastic Environmental Research and Risk Assessment, 2008, 22(6): 759-775.

[89] He L, Huang G H, Zeng G, et al. An Interval Mixed-Integer Semi-Infinite Programming Method for Municipal Solid Waste Management[J]. Air Repair, 2009, 59(2): 236-246.

[90] He L, Huang G H, Zeng G M, et al. Identifying optimal regional solid waste management strategies through an inexact integer programming model containing infinite objectives and constraints[J]. Waste Management, 2009, 29(1): 21-31.

[91] Li Y, Huang G. Modeling municipal solid waste management system under uncertainty[J]. Air Repair, 2010, 60(4): 439-453.

[92] Sun W, Huang G H, Lv Y, et al. Inexact joint-probabilistic chance-constrained programming with left-hand-side randomness: An application to solid waste management[J]. European Journal of Operational Research, 2013, 228(1): 217-225.

[93] Sun Y, Huang G H, Li Y P. ICQSWM: An inexact chance-constrained quadratic solid waste management model[J]. Resources Conservation & Recycling, 2010, 54(10): 641-657.

[94] Li Y, Huang G. Modeling municipal solid waste management system under uncertainty[J]. Air Repair, 2010, 60(4): 439-453.

[95] Yi XU, Shunze WU, Zang H, et al. An interval joint-probabilistic programming method for solid waste management: a case study for the city of Tianjin, China[J]. Frontiers of Environmental Science & Engineering, 2014, 8(2): 239-255.

[96] Liu F, Wen Z, Xu Y. A dual-uncertainty-based chance-constrained model for municipal solid waste management[J]. Applied Mathematical Modelling, 2013, 37(22): 9147-9159.

[97] Li Y P, Huang G H. Fuzzy two-stage quadratic programming for planning solid waste management under uncertainty[J]. International Journal of Systems Science, 2007, 38(3): 219-233.

[98] Huang G H, Sae-Lim N, Liu L, et al. An Interval-Parameter Fuzzy-Stochastic Programming Approach for Municipal Solid Waste Management and Planning[J]. Environmental Modeling & Assessment, 2001, 6(4): 271-283.

[99] Y. P. Li, G. H. Huang, S. L. Nie, et al. IFTSIP: interval fuzzy two-stage stochastic

mixed-integer linear programming: a case study for environmental management and planning [J]. Civil Engineering Systems, 2006, 23(2): 73-99.

[100] Guo P, Huang G H. Inexact fuzzy-stochastic mixed-integer programming approach for long-term planning of waste management-Part A: Methodology [J]. Journal of Environmental Management, 2010, 91(2): 441-460.

[101] Guo P, Huang G H. Inexact fuzzy-stochastic mixed integer programming approach for long-term planning of waste management—Part B: Case study [J]. Journal of environmental management, 2009, 91(2): 441-460.

[102] Li P, Chen B. FSILP: Fuzzy-stochastic-interval linear programming for supporting municipal solid waste management [J]. Journal of Environmental Management, 2011, 92(4): 1198-1209.

[103] Zhang X, Huang G. Municipal solid waste management planning considering greenhouse gas emission trading under fuzzy environment [J]. Journal of Environmental Management, 2014, 135(4): 11-18.

[104] Tan Q, Huang G H, Cai Y. A Superiority-Inferiority-Based Inexact Fuzzy Stochastic Programming Approach for Solid Waste Management Under Uncertainty [J]. Environmental Modeling & Assessment, 2010, 15(5): 381-396.

[105] Li Y, Huang G H. Inexact minimax regret integer programming for long-term planning of municipal solid waste management—Part A: Methodology development [J]. Environmental Engineering Science, 2009, 26(1): 209-218.

[106] Li Y P, Huang G H. Inexact minimax regret integer programming for long-term planning of municipal solid waste management-Part B: Application [J]. Environmental Engineering Science, 2009, 26(1): 209-218.

[107] Cui L, Chen L R, Li Y P, et al. An interval-based regret-analysis method for identifying long-term municipal solid waste management policy under uncertainty [J]. Journal of Environmental Management, 2011, 92(6): 1484-1494.

[108] Yeomans J S. Combining Simulation with Evolutionary Algorithms for Optimal Planning Under Uncertainty: An Application to Municipal Solid Waste Management Planning in the Regional Municipality of Hamilton-Wentworth [J]. Journal of Environment Informatics, 2003, 2(1): 11-30.

[109] Dai C, Li Y P, Huang G H. A two-stage support-vector-regression optimization model for municipal solid waste management — A case study of Beijing, China [J]. Journal of Environmental Management, 2011, 92(12): 3023-3037.

[110] Zhang Y M, Huang G H, He L. An inexact reverse logistics model for municipal solid waste management systems[J]. Journal of Environmental Management, 2011, 92(3): 522-530.

[111] Chen X J, Huang G H, Suo M Q, et al. An inexact inventory-theory-based chance-constrained programming model for solid waste management[J]. Stochastic Environmental Research & Risk Assessment, 2014, 28(8): 1939-1955.

[112] Zhang Y, Huang G H, He L. A multi-echelon supply chain model for municipal solid waste management system[J]. Waste Management, 2014, 34(2): 553-561.

[113] Chen X, Huang G, Zhao S, et al. Municipal solid waste management planning for Xiamen City, China: a stochastic fractional inventory-theory-based approach[J]. Environmental Science and Pollution Research, 2017, 24(31): 24243-24260.

[114] Hu C, Liu X, Lu J. A bi-objective two-stage robust location model for waste-to-energy facilities under uncertainty[J]. Decision Support Systems, 2017(99): 37-50.

[115] Rajeev Pratap Singh, Pooja Singh, Ademir S. F. Araujo, et al. Management of urban solid waste: Vermicomposting a sustainable option[J]. Resources, Conservation & Recycling, 2011, 55(7): 719-729.

[116] Hassan MN. Policies to improve solid waste management in developing countries: some insights in Southeast Asian Countries[C]. In: Chang EE, Chiang PC, Huang CP, Vasuki NC, editors. Proceedings of the 2nd international conference on solid waste management; 2000: 191-207.

[117] Jin J, Wang Z, Ran S. Solid waste management in Macao: practices and challenges[J]. Waste Management, 2006, 26(9): 1045-1051.

[118] Peavy H S, Matthews D R, Tchobanoglous G. Environmental Engineering[M]. McGraw-Hill Book Co, 1985.

[119] Sandra Cointreau. Occupational and Environmental Health Issues of Solid Waste Management Special Emphasis on Middle and Lower-Income Countries[J]. Resíduos Sólidos, 2006.

[120] Moora H, Voronova V, Uselyte R. Incineration of Municipal Solid Waste in the Baltic States: Influencing Factors and Perspectives[M]// Waste to Energy. Springer London, 2012: 237-260.

[121] Alfonso Aranda Uson, Ana M Lopez-Sabiron, German Ferreiran, Eva Llera Sastresa. Uses of alternative fuels and raw materials in the cement industry as sustainable waste management options[J]. Renewable and Sustainable Energy Reviews, 2013, (23):

242-260.

[122] Sembiring E, Nitivattananon V. Sustainable solid waste management toward an inclusive society: Integration of the informal sector[J]. Resources Conservation & Recycling, 2010, 54(11): 802-809.

[123] 代峰, 戴伟. 基于系统动力学的城市生活垃圾发电进化博弈[J]. 工业工程, 2017(1): 1-11.

[124] 中华人民共和国住房和城乡建设部标准定额司. 住房和城乡建设部标准定额司关于征求产品国家标准《生活垃圾分类标志(征求意见稿)》意见的函[EB/OL]. http://www.mohurd.gov.cn/zqyj/201801/t20180131_234998.html, 2018-1-30.

[125] Hu C, Liu X, Lu J. A bi-objective two-stage robust location model for waste-to-energy facilities under uncertainty[J]. Decision Support Systems, 2017, 99: 37-50.

[126] 吕琳君. 智能优化算法在集成电路设计中的应用研究[D]. 南京: 南京邮电大学, 2013.

[127] Chen K Y, Wang C H. Support vector regression with genetic algorithms in forecasting tourism demand[J]. Tourism Management, 2007, 28(1): 215-226.

[128] Gu J, Zhu M, Jiang L. Housing price forecasting based on genetic algorithm and support vector machine[J]. Expert Systems with Applications, 2011, 38(4): 3383-3386.

[129] Chen K Y. Forecasting systems reliability based on support vector regression with genetic algorithms[J]. Reliability Engineering & System Safety, 2007, 92(4): 423-432.

[130] 段青玲, 张磊, 魏芳芳等. 基于时间序列GA-SVR的水产品价格预测模型及验证[J]. 农业工程学报, 2017, 33(1): 308-314.

[131] Zadeh L A. Toward a theory of fuzzy information granulation and its centrality in human reasoning and fuzzy logic[J]. Fuzzy Sets & Systems, 1997, 90(90): 111-127.

[132] 董春娇, 邵春福, 谢坤, 等. 道路网交通流状态变化趋势判别方法[J]. 同济大学学报(自然科学版), 2012, 40(9): 1323-1328.

[133] Dai Feng, Nie Gui-hua Chen Yi. The municipal solid waste generation distribution prediction system based on FIG-GA-SVR model[J]. J Mater Cycles Waste Manag, 2020(22): 1352-1369.

[134] Krarup J, Pruzan PM. The simple plant location problem: survey and synthesis. European Journal of Operational Research 1983(12): 36-81.

[135] Atta S, Mahapatra P R S, Mukhopadhyay A. Solving maximal covering location problem using genetic algorithm with local refinement[J]. Soft Computing, 2018, 22(12): 3891-3906.

[136] Ardjmand E, Young II W A, Weckman G R, et al. Applying genetic algorithm to a new bi-objective stochastic model for transportation, location, and allocation of hazardous materials[J]. Expert Systems with Applications, 2016, 51: 49-58.

[137] Wang Z, Ren J, Goodsite M E, et al. Waste-to-energy, municipal solid waste treatment, and best available technology: Comprehensive evaluation by an interval-valued fuzzy multi-criteria decision making method[J]. Journal of Cleaner Production, 2018, 172: 887-899.

[138] Zimmermann H J. Fuzzy Set Theory-and Its Applications[M]. Fuzzy set theory and its applications. Springer Science & Business Media, 2011.

[139] Hockett D, Lober D J, Pilgrim K. Determinants of per capita municipal solid waste generation in the Southeastern United States[J]. Journal of Environmental Management, 1995, 45(3): 205-218.

[140] Monavari S M, Omrani G A, Karbassi A, et al. The effects of socioeconomic parameters on household solid-waste generation and composition in developing countries (a case study: Ahvaz, Iran)[J]. Environmental Monitoring and Assessment, 2012, 184(4): 1841-1846.

[141] Beigl P, Lebersorger S, Salhofer S. Modelling municipal solid waste generation: A review [J]. Waste Management, 2008, 28(1): 200-214.

[142] Ghinea C, Drăgoi E N, Comăniță E D, et al. Forecasting municipal solid waste generation using prognostic tools and regression analysis[J]. Journal of Environmental Management, 2016, 182: 80-93.

[143] 中华人民共和国住房和城乡建设部. 住房和城乡建设部关于发布行业标准《生活垃圾转运站技术规范》的公告[EB/OL]. http://www.mohurd.gov.cn/wjfb/201607/t20160715_228156.html, 2016-6-14.

[144] Dai Feng, Chen Yi. Subsidy policy study based on cement enterprises co-disposing municipal solid waste in China[J]. Gummi, Fasern, Kunststoffe, 2016, 69(13): 1542-1545.

后　记

　　光阳荏苒，时光飞逝。晃眼之间，该书稿即将完成，其间的生活经历将使我受益终生。在书稿即将完成之际，对学习生活中陪伴我的恩师、同学、朋友、家人表示衷心的感谢！

　　首先，我要深深地感谢我的导师车卡佳教授！是她引领我走向了学术的殿堂。车老师把握学科前沿的敏锐洞察力，活跃的学术思想，渊源的学术知识，精益求精的工作作风，深深地感染并激励着我。我的书稿从立意到确定研究框架直到最后定稿的每一个环节，车老师也都给了我精心的指导，为我指明研究方向。正是她的悉心指导，成就了我的每一次进步，得此良师，如沐春风。寥寥数语不足以表达我此刻内心深处的敬意和无限的感激，在此谨向车老师致以诚挚的谢意和崇高的敬意！

　　在撰写书稿期间，还得到了聂规划教授的热心指导和帮助，每一篇章节，每一个问题，甚至是每一次交流，无论是观点、方法，还是标点、错字，聂老师都一丝不苟地指点修改。当我撰写书稿陷入迷茫的时候，聂老师的鼓励与指导给了我希望和继续前进的动力。

　　此外，在撰写该书稿期间还得到了杨青教授的帮助，他的热心指导使我的书稿结构更加合理，逻辑更加清晰。当撰写书稿遇到问题向他请教时，他总是耐心地给予意见，帮助我顺利完成该书稿。

　　同时还感谢帮助过我的同学、师兄师弟师姐师妹们，与大家共同度过的学习时光永远是那么美好，共勉互励、风雨同舟的生活使我求学路上不再寂寞。

　　特别感谢我的父母、我的爱人，还有我的儿子。感谢父母给予我生命和永远的爱。感谢爱人赠与我温暖的肩膀和无穷的动力。感谢我的儿子，你的出现是上天赠给我最好的礼物。我爱你们！